JAMES LOVELOCK

mit Bryan Appleyard

NOVOZÄN

JAMES LOVELOCK
mit Bryan Appleyard

NOVOZÄN

Das kommende Zeitalter
der Hyperintelligenz

Aus dem Englischen
von Annabel Zettel

C.H.Beck

«Wir leben in einem alten Chaos der Sonne.»

Wallace Stevens

Inhalt

—

TEIL DREI

Ins Novozän

Vorwort

—

Es ist eine große Ehre, dass ich James Lovelock dabei unterstützen durfte, sein wahrscheinlich letztes Buch zu vollenden. Ich sage «wahrscheinlich», weil die Erfahrung mich gelehrt hat, dass man nie weiß, was Jim als Nächstes tun wird. Zwar ist er heute ein sehr alter Mann, doch das absolut Unwahrscheinlichste ist wohl, dass er sich still zur Ruhe setzt. Aber er spielt zumindest mit dem Gedanken, wie er in einer E-Mail zugab.

«Nun, da ich bald hundert Jahre alt bin, sollte man eigentlich glauben, dass ich nicht mehr viel beisteuern kann. Es ist wie beim Marathonlauf. Ich kenne die Tortur, diesen letzten Hügel hinaufzurennen, der vor mir liegt. Ich könnte auch einfach aufhören, mich abzurackern, und die jungen Läufer das Rennen zu Ende bringen lassen.»

Als ich das las, musste ich lachen; zum einen, weil ich mir nur schwer vorstellen kann, dass irgendein junger Läufer Jim ersetzen könnte, und zum anderen, weil ich ihm nicht glaubte. Die Wahrheit ist, dass immer noch ein weiteres Buch folgen könnte, so wie stets neue Ideen aufflammen, neue Betrachtungsweisen, neue Denkarten. Während ich mit ihm an diesem Buch arbeitete, musste ich ihn tatsächlich bitten, mit dem Denken

9

aufzuhören und mit dem Erklären anzufangen, da wir sonst niemals fertig geworden wären.

Jims Vorstellungskraft ist so aufregend anders wie erschreckend präzise. Ich sah ihn einmal auf einer Dinnerparty mit vielen sehr intelligenten, sehr ernsthaften Menschen still dasitzen – um dann mit einem einzigen Satz alles, was sie gerade diskutiert hatten, über den Haufen zu werfen und sie damit so zu verblüffen, dass es ihnen die Sprache verschlug. Und er wird immer misstrauisch, wenn die Leute ihm zustimmen – «Was haben wir falsch verstanden?», fragt er. Er sucht unentwegt nach Gegenargumenten und anderen Perspektiven und beharrt auf der inhärenten Zweifelhaftigkeit wissenschaftlicher Ideen. Das macht seine eigenen Ideen sehr robust; sie wurden vielfach auf Herz und Nieren geprüft. So sollten natürlich alle Wissenschaftler denken und arbeiten, aber viele tun es eben nicht, weshalb Jim in den letzten Jahren die Gewohnheit angenommen hat, sich selbst als Ingenieur zu bezeichnen.

Er kann beim ersten Treffen verstörend wirken. Ich lernte ihn vor vielen Jahren in seinem Labor in Coombe Mill kennen. Ich habe ihn einfach nicht verstanden und erinnere mich, dass ich das Gefühl hatte, durch einen Spiegel hindurch in eine Welt gefallen zu sein, die sich vollkommen von derjenigen unterschied, die ich glaubte zu kennen. Er erzählte mir von seiner Gaia-Hypothese, aber ich habe die Idee nicht begriffen, vielleicht weil sie sich, wie er das in seinem neuen Buch sagt, nicht mit normalen logischen Formeln ausdrücken lässt. Das liegt nicht daran, dass sie komplex ist – auch wenn das im Einzelnen zutrifft –, sondern daran, dass sie im Kern von makelloser Einfachheit ist. Leben und Erde sind ein sich gegenseitig beeinflussendes Ganzes, und der Planet kann als ein einziger Organismus betrachtet werden; so einfach ist das. Als ich das einmal verstanden hatte, erschien es so bestechend klar, dass ich der Meinung war, niemand könne dem widersprechen. Und trotzdem taten es damals alle. Einige tun es noch immer, und manche sind Gaianer, geben es aber nicht zu. Die meisten jedoch erkennen heute an, dass Jim unser Verständnis für unser Leben und unseren Planeten für immer verändert hat.

Die Menschen sprechen oft davon, wie wertvoll es ist, «über den eigenen Tellerrand hinauszuschauen», aber sie erwähnen selten, dass es noch viel wertvoller ist, so zu denken, wie Jim das tut, nämlich als gäbe es keinen Teller. Er ist so breit qualifiziert – in erster Linie in Medizin und Chemie, aber offensichtlich auch in allem anderen, von dem er zu sprechen beginnt –, dass man ihn niemals nur auf ein Fachgebiet allein reduzieren könnte. Was die Institution der Wissenschaft angeht, ist er ein Außenseiter, ein Querdenker, aber das verhinderte nicht, dass er mit Preisen und Ehrungen bedacht wurde. In seiner Nominierung für die Mitgliedschaft in der Royal Society wurden seine Arbeiten über die Übertragung von Atemwegserkrankungen, Luftsterilisation, Blutgerinnung, das Einfrieren lebender Zellen, künstliche Befruchtung, Gas-Chromatographie und so weiter angeführt.

Das war 1974, und die Disziplin, die ihn eigentlich berühmt machte, wurde nur beiläufig erwähnt: Klimaforschung und seine daran angelehnte Arbeit über die Möglichkeit außerirdischen Lebens. Und dann ist da noch die Fähigkeit, seine eigenen Geräte zu erfinden und zu bauen – insbesondere der revolutionäre Elektroneneinfangdetektor, vielleicht sogar der Mikrowellenherd und zahlreiche hochvertrauliche Apparate, die er entwickelte, als er für den Geheimdienst arbeitete.

Heute, 40 Jahre nachdem er uns in seinem Buch *Gaia: A New*

Look at Life on Earth (Unsere Erde wird überleben. GAIA, eine optimistische Ökologie) mit seiner Göttin bekannt gemacht hat, stellt er uns eine neue Idee vor, die genauso verblüffend und radikal ist. «Novozän» ist Jims Name für eine neue geologische Epoche des Planeten, ein Zeitalter, das dem 1712 angebrochenen und sich bereits seinem Ende zuneigenden Anthropozän folgt. Dieses Zeitalter wurde bestimmt von den Errungenschaften, durch welche die Menschen schließlich in der Lage waren, Geologie und Ökosystem des gesamten Planeten zu verändern. Das Novozän – das, wie Jim nahelegt, bereits angebrochen sein könnte – ist da, wenn unsere Technologie beginnt, sich unserer Kontrolle zu entziehen, wenn sie Intelligenzen erzeugt, die weit größer und, was entscheidend ist, viel schneller sind als unsere eigene. Wie das geschieht und was es für uns bedeutet, davon handelt dieses Buch.

Es geht darin nicht um die gewaltsame Machtergreifung der Maschinen, wie sie in vielen Science-Fiction-Büchern und -Filmen vorkommt. Vielmehr werden Menschen und Maschinen vereint sein, denn es wird beider bedürfen, um Gaia – die Erde als lebenden Planeten – zu erhalten. Wie Jim es einmal in einer E-Mail an mich formulierte: «Das entscheidende Konzept ist meiner Meinung nach das Leben selbst. Vielleicht erklärt das, warum ich die Erde als Lebensform betrachte. Die Natur ihrer einzelnen Komponenten erscheint unbedeutend, solange sie ein gemeinsames Ziel haben.» Im Konzept des Lebens ist die Möglichkeit der Erkenntnis enthalten, die Möglichkeit von Wesen, die die Natur des Kosmos beobachten und über sie reflektieren können. Ob die Menschen nun mit ihren elektronischen Nachkommen leben oder von ihnen verdrängt werden, wir werden eine entscheidende und notwendige Rolle im Prozess der kosmischen Selbsterkenntnis gespielt haben.

Jim ist kein Anthropozentrist. Er begreift die Menschen nicht als höchste Wesen, als den Gipfel und Mittelpunkt der Schöpfung. Das war Teil der Idee von Gaia, die denjenigen, die sie verstanden, aufzeigte, dass die Biosphäre ihre eigenen Überlebenswerte hat, die weit über irgendwelche humanistischen Werte hinausreichen. Damit liegt es auf der Hand: Wenn Leben und Wissen ganz und gar elektronisch werden, dann soll es wohl so sein; wir haben unsere Rolle erfüllt, und neuere, jüngere Akteure erscheinen bereits auf der Bildfläche.

Abschließend eine Anmerkung zu Jims Gebrauch bestimmter Worte. Er benutzt lieber «Kosmos» als «Universum», denn er verwendet Ersteres für alles, was wir wissen und sehen können; für ihn bezeichnet «Universum» potentiell etwas Größeres, über das wir nichts wissen und nichts wissen können. Er benutzt den Begriff «Cyborgs» für die intelligenten elektronischen Wesen des Novozäns. Im allgemeinen Sprachgebrauch verwendet man ihn für Wesenheiten, die halb Fleisch, halb Maschine sind. Aber Jim findet, dass dieser Gebrauch gerechtfertigt ist, da seine Cyborgs Produkte der darwinistischen Selektion sind und dies mit dem organischen Leben gemeinsam haben. Das wird alles sein, was wir mit den Cyborgs teilen; wir sind vielleicht ihre Eltern, aber sie werden nicht unsere Kinder sein.

Jim schloss eine seiner jüngsten E-Mails mit einem entschuldigenden rhetorischen Seufzer – «Das erscheint mehr als genug für den Augenblick.» Genug für diesen Augenblick vielleicht, aber nicht genug für James Lovelock, für den und von dem es immer mehr geben wird.

Bryan Appleyard, 1. Januar 2019

TEIL EINS

Der wissende Kosmos

—

1

Wir sind allein

—

Unser Kosmos ist 13,8 Milliarden Jahre alt. Unser Planet entstand vor 4,5 Milliarden Jahren, und das Leben begann vor 3,7 Milliarden Jahren. Unsere Spezies, Homo sapiens, ist knapp über 300 000 Jahre alt. Kopernikus, Kepler, Galileo und Newton tauchten erst im Laufe der letzten 500 Jahre unter uns auf. Erst seit einem kurzen Moment seiner Existenz weiß der Kosmos von sich selbst. Und erst als die Menschen die nötigen Instrumente entwickelten und auf die Idee kamen, das verwirrende Spektakel des klaren Nachthimmels beobachten und analysieren zu wollen, begann der Kosmos aus seinem langen Schlaf der Unwissenheit zu erwachen.

Oder fand ein solches Erwachen noch anderswo statt? Die unerschöpfliche Flut an Literatur und Filmen über Außerirdische legt nahe, dass wir das gerne glauben wollen. Es ist schwer zu glauben, dass wir allein in diesem Kosmos sind, der vielleicht 2 Billionen Galaxien enthält, von denen jede wiederum 100 Milliarden Sterne umfasst. Manche halten es natürlich für möglich, dass es zumindest auf einem dieser Billiarden anderer Planeten, die jene Sterne umkreisen müssen, hochintelligente Spezies gegeben hat oder gibt. Sie wären, wie wir, Versteher des Kosmos;

oder vielleicht nehmen ihre vollkommen fremdartigen Sinne auch einen komplett anderen Kosmos wahr.

Ich denke, das ist höchst unwahrscheinlich. Diese enormen Zahlen kosmischer Objekte sind irreführend. Der blind tastende Prozess der Evolution durch natürliche Selektion brauchte 3,7 Milliarden Jahre – fast ein Drittel des Alters des Kosmos –, um aus den ersten primitiven Lebensformen einen verstehenden Organismus zu entwickeln. Hätte die Entwicklung des Sonnensystems außerdem eine Milliarde Jahre länger gedauert, wäre niemand am Leben, um darüber zu sprechen. Wir hätten nicht genug Zeit gehabt, die technologischen Mittel zu erlangen, um mit der zunehmenden Hitze der Sonne fertigzuwerden. So gesehen, ist es klar, dass unser Kosmos, so alt er auch sein mag, noch nicht alt genug ist, als dass die enorm unwahrscheinliche Kette von Ereignissen, die notwendig ist, um intelligentes Leben hervorzubringen, mehr als einmal hätte ablaufen können. Unsere Existenz ist ein verrückter Ausrutscher.

Aber unser Planet ist jetzt alt. Es ist eine seltsame Tatsache, dass die Lebensdauer der Erde leichter zu begreifen ist als unsere eigene Lebensdauer. Wir wissen noch nicht, warum Menschen selten länger als maximal 110 Jahre und Mäuse nur ein Jahr lang leben. Es ist keine Frage der Größe – einige kleine Vögel erreichen ein Alter, das mit unserem vergleichbar ist. Die Lebensdauer eines Planeten dagegen wird ganz einfach durch die Eigenschaften des Sterns, der ihn wärmt, bestimmt.

Unser Stern, die Sonne, ist das, was die Astronomen einen Hauptreihenstern nennen. Sie gab uns das Leben, und sie nährt uns. Ihre Wärme und Stetigkeit trösten uns inmitten der zahllosen Ungewissheiten unseres eigenen Lebens. Wie jener große Wahrheitsverkünder George Orwell 1946 in «Gedanken über die gemeine Kröte» schrieb: «Die Atombomben stapeln sich in den Fabriken immer höher, die Polizei pirscht durch die Städte, die Lügen strömen aus den Lautsprechern, aber die Erde dreht sich immer noch um die Sonne ...»

Aber diese große Trösterin ist auch todbringend. Hauptreihensterne werden langsam immer heller, wenn sie altern. Die zunehmende Hitze der Sonne bedroht das Leben auf unserem Planeten. Bisher wurden wir beschützt durch das Planetensystem, das ich Gaia nenne, und das die Erdoberfläche kühlt.

Es gibt mehrere Gründe, warum die Erde unbewohnbar heiß werden könnte. Wenn es keine Kohlendioxid (CO_2) absorbierende Vegetation gäbe, dann könnte die Erdtemperatur nicht auf ihrem derzeitigen Niveau gehalten werden. Es würde ein unkontrollierbarer Treibhauseffekt entstehen. Wir finden um uns herum ständig Beispiele für diesen Prozess. Wenn Sie an einem heißen Tag die Temperatur eines Schieferdachs mit der eines nahestehenden dunklen Nadelbaums vergleichen, dann werden Sie merken, dass das Dach 40 Grad heißer ist als der Baum. Der Baum kühlt sich selbst, indem er Wasser verdunstet. Ebenso ist die Meeresoberfläche kühl, weil das Leben sie unter 15 Grad hält; oberhalb dieser Temperatur kann es kein Leben im Meer geben, das Sonnenlicht wird absorbiert und heizt das Wasser auf.

Gaia muss weiter daran arbeiten, den Planeten zu kühlen, denn er ist jetzt alt und gebrechlich. Mit dem Alter werden wir fragiler, wie ich nur allzu gut weiß. Dasselbe gilt für Gaia. Sie könnte heute durch Erschütterungen ihres Systems, die sie in früheren Zeitaltern einfach weggesteckt hätte, zerstört werden.

Ich bin ziemlich sicher, dass nur die Erde eine Kreatur hervorgebracht hat, die in der Lage ist, den Kosmos zu begreifen.

Aber ich bin ebenso sicher, dass die Existenz dieser Kreatur gefährdet ist. Wir sind einzigartige, privilegierte Wesen, und aus diesem Grund sollten wir jeden einzelnen Moment unseres Bewusstseins wertschätzen. Und gerade heute sollten wir diese Momente umso mehr wertschätzen, da unsere Vorherrschaft als primäre Versteher des Kosmos ein baldiges Ende finden wird.

2

Am Rande der Auslöschung

—

Das bedeutet nicht, dass wir alle in den nächsten paar Jahren sterben werden – auch wenn das möglich ist. Das Aussterben der Menschheit war immer schon eine drohende Gefahr. Wir sind sehr zerbrechliche Versteher, die sich unsicher an die Erde, unser einziges Zuhause, klammern.

Asteroideneinschläge könnten die Biosphäre zerstören, von der wir abhängen, so wie einer von ihnen vor 65 Millionen Jahren der Herrschaft der Dinosaurier ein Ende gesetzt hat. Die Oberflächen des Mondes und unseres Schwesterplaneten Mars sind mit Kratern übersät, die ziemlich sicher durch den Aufprall von Gesteinsbrocken entstanden sind.

Wir haben allen Grund anzunehmen, dass die Erde mit ebenso vielen zusammengestoßen ist, aber unser Planet, der eine dünne flüssige Haut aus Wasser besitzt, kann nur auf dem Land Krater aufweisen, und diese werden vom unablässigen Regen eingeebnet. Und trotzdem gibt es, wenn man die Oberflächengesteine sorgfältig untersucht – wie Geologen das getan haben –, Hinweise auf zahlreiche Zusammenstöße, von denen einige Krater mit einem Durchmesser von über 300 Kilometern hinterlassen haben.

Noch verheerender wäre ein vulkanisches Ereignis wie jenes, durch das – vor 252 Millionen Jahren – das Perm endete und die Trias begann. Dies wurde, wie man glaubt, durch einen gewaltigen Ausbruch von Magma verursacht, der das formte, was wir heute den Sibirischen Trapp nennen. Dieses Ereignis wird oft als das große Massenaussterben bezeichnet – 90 Prozent der Meeresspezies und 70 Prozent der Landlebewesen wurden ausgelöscht. Die Ökosysteme erholten sich davon 30 Millionen Jahre lang nicht.

Das ist lange her, aber es gibt dennoch keinen Grund zur Entwarnung. Vor nur 74 000 Jahren wurde die menschliche Population massiv dezimiert, auf vielleicht wenige Tausend. Dies geschah durch den vulkanischen Winter, der sich nach der ungeheuren Eruption, die in Indonesien den Tobasee schuf, über die Erde ausbreitete. Und erst 1815, wieder in Indonesien, verdunkelte der Ausbruch des Berges Tambora den Himmel und ließ überall auf dem ganzen Planeten die Temperatur sinken. Diese Dunkelheit inspirierte angeblich Mary Shelleys Roman *Frankenstein* und Lord Byrons schauerliches Gedicht «Finsternis», das mit den Zeilen endet: «Die Winde waren in der faulen Luft / Verwelkt, die Wolken fort; die Finsterniß / Hatt' sie nicht nöthig mehr – *sie* war das All!» Der Dichter hatte einen flüchtigen Blick auf die kosmische Fragilität unserer Existenz erhascht. Auch wenn ein weiteres Ereignis dieser Art uns nicht komplett auslöschen würde, könnte es doch unserer Zivilisation ein Ende bereiten und uns in die Steinzeit zurückkatapultieren. Das Verstehen des Kosmos stünde dann auf unserer Prioritätenliste nicht mehr sehr weit oben.

Einige dieser Risiken können entschärft werden. Dank unserer Fähigkeit, Dinge zu verstehen, besitzen wir bereits

Raketen und Nuklearwaffen, die eingesetzt werden könnten, um einen Asteroiden abzulenken, der die Erde bedroht. Es sollte uns – wenn vielleicht auch nur vorläufig – mit Stolz erfüllen, dass wir es bisher erfolgreich geschafft haben, uns mit eben jenen Waffen nicht selbst zu zerstören. Sobald der nationenübergreifende Wille existiert, eine Rakete mit einer Ablenkungsvorrichtung zu konstruieren, wird erstmals ein Planet des Sonnensystems, die Erde, die Fähigkeit entwickelt haben, die Annäherung eines großen, auf tödlichem Kollisionskurs durchs All schlingernden Gesteinsbrocken auszumachen. Und weit mehr als das, die Erde wird damit die Mittel und die Macht erlangt haben, seine gefährliche Flugbahn abzulenken, und sich selbst zu retten. Kosmisch betrachtet, ist das eine höchst bedeutsame Entwicklung.

Nicht jeder Überlebensplan ist ähnlich vielversprechend wie dieser. Ein wirklich verrückter Plan für das Überleben der Menschheit taucht regelmäßig in den Medien und den Köpfen einiger Abenteuerlustiger auf. Es handelt sich um die Vorstellung, dass – falls unser Leben auf der Erde vor der Auslöschung stünde – der Mars ein Zufluchtsort für die Menschheit sein könnte. Man scheint anzunehmen, dass sich die Oberfläche des Mars nicht allzu sehr von jener der Sahara oder der australischen Wüsten unterscheidet. Man müsste nur noch bis zu einer Wasserschicht hinunter bohren, wie man das in Städten wie Phoenix oder Las Vegas in den Vereinigten Staaten tut. Dann könnten wir ein bequemes, zivilisiertes Leben als Marsianer führen, umgeben von Casinos, Golfplätzen und Swimmingpools.

Leider ist eines der Dinge, die uns die unbemannten Expeditionen zum Mars gezeigt haben, dass die Marswüste für alle

denkbaren Daseinsformen der Erde ganz und gar lebensfeind-
lich ist. Die Atmosphäre ist etwa hundertmal dünner als auf
dem Gipfel des Mount Everest, und sie bietet keinen Schutz
gegen kosmische Strahlung oder die Ultraviolettstrahlung der
Sonne. Die dünne Luft des Mars besteht zu 99 Prozent aus
CO_2, und man kann sie absolut nicht atmen. Es gibt Spuren
von Wasser auf dem Planeten, aber es ist so salzig wie das Wasser des Toten Meeres und untrinkbar. Der Pionier und Möchte-
gernraumfahrer Elon Musk sagte, er würde gern auf dem Mars
sterben, allerdings nicht bei einem Aufprall. Die Bedingungen
auf dem Mars legen jedoch nahe, dass es wahrscheinlich doch
besser wäre, bei einem Aufprall zu sterben.

Vielleicht könnte man auf dem Mars Einsiedlerzellen für die
Superreichen bereithalten, die womöglich ihr halbes Vermögen
dafür ausgeben, um freiwillig dorthin zu reisen. Was auch immer an Geld übrig bliebe, könnte man dann dafür verwenden,
eine winzige Überlebenskapsel zu bauen und zu unterhalten,
aus der man nicht mehr herauskäme. Es wäre eigentlich viel
weniger grausam, sie ihre Gefängniszellen auf der Eiskappe der
Antarktis errichten zu lassen. Zumindest kann man dort die
Luft atmen.

Solche Unternehmungen zu planen, während man den wirk-
lichen Zustand der Erde ignoriert, erscheint außerordentlich
pervers. Die Hoffnung, irgendeine winzige Oase auf dem Mars
zu finden, rechtfertigt eigentlich nicht die enormen Ausgaben,
vor allem dann nicht, wenn Forschung, die nur einen Bruchteil
der Planetenerkundung kostet, entscheidende Daten über die
Erde liefern könnte. Wir dürfen niemals vergessen, dass dies
der Planet ist, auf dem wir leben, und dass Informationen über
die Erde, auch wenn sie weniger spektakulär sind als Neuigkei-

ten vom Mars, genau das sein könnten, was unser Überleben sichert.

Was müssen wir also über die Erde wissen, um sicherzustellen, dass ein Verständnis des Kosmos fortbestehen kann? Wir müssen uns auf die Hitze, die drängendste und wahrscheinlichste Bedrohung unserer Heimat und Existenz, konzentrieren.

Ich werde mich damit im nächsten Teil dieses Buches detaillierter auseinandersetzen, aber ich muss an dieser Stelle einige Punkte ansprechen. In den letzten Jahren haben wir Tausende von «Exoplaneten» – Planeten außerhalb unseres Sonnensystems – entdeckt. Das hat große Aufregung hervorgerufen, nicht nur unter Astronomen. Viele begannen zu spekulieren, dass wir vielleicht kurz davor stehen, Anzeichen für intelligentes organisches außerirdisches Leben zu finden. Aber ich habe den Verdacht, dass diese Menschen zu anthropozentrisch sind. Zum einen ist es für Alienjäger wichtig, Planeten, die durch organische Lebensformen bestimmt werden, von jenen zu unterscheiden, auf denen elektronisches Leben herrscht. Dass Letzteres aus Ersterem hervorgehen wird, davon handelt dieses Buch. Jede fortgeschrittenere Zivilisation als die unsere wird vermutlich elektronisch sein, es ergibt also wenig Sinn, nach kleinen Wesen mit großen Köpfen und riesigen, schrägstehenden Augen zu suchen.

Dann ist da die Sache mit der Temperatur dieser Exoplaneten. Besonders aufregend war die Entdeckung, dass einige von ihnen innerhalb der «bewohnbaren Zone» liegen. Sie wird manchmal auch *Goldilocks Zone*, Goldlöckchen-Zone, genannt: Wie Goldlöckchens Brei ist sie genau richtig, nicht zu heiß und nicht zu kalt. Ein Goldlöckchen-Planet läge gerade weit genug entfernt von einem Stern, um Leben zu ermöglichen – nicht so weit weg, dass er zur Eiswelt werden, und nicht so nah, dass er durch Hitze sterilisiert würde.

Wie ich schon sagte, glaube ich nicht, dass es intelligente Wesen da draußen gibt, aber nehmen wir für einen Moment an, es gäbe doch welche, und sie tun genau das, was wir tun – sie suchen Planeten in dieser bewohnbaren Zone. Diese außerirdischen Astronomen würden Merkur und Venus nicht in Betracht ziehen, weil sie offenkundig zu dicht an der Sonne liegen. Sie würden jedoch auch die Erde verwerfen, die ebenfalls zu nah ist. Mars, so würden sie beschließen, ist der einzige Kandidat.

Die Erde absorbiert und strahlt eine solch gewaltige Menge Hitze ab, dass sie wohl nicht als Ort innerhalb der habitablen Zone eingestuft werden kann. Ein außerirdischer Astronom, der das Sonnensystem betrachtet, wäre zwangsläufig erstaunt über die anormale Oberflächentemperatur unseres Planeten, verglichen mit jener der Venus. Die effektive Temperatur der Erde ist, vom Weltraum aus gesehen, heißer, nicht kühler als die der Venus. Und doch ist die Erde 30 Prozent weiter von der Sonne entfernt als die Venus. Die tatsächliche Temperatur der Erde ist hoch, weil unsere Atmosphäre, verglichen mit der Venus, nur eine winzige Menge an Kohlendioxid enthält. Um im thermischen Gleichgewicht mit der Sonne zu bleiben, muss die Erde mehr Wärmeenergie abstrahlen, und das tut sie vor allem durch langwellige Infrarotstrahlung. Das lässt die obere Atmosphäre an der Grenze zum All heiß werden, hält jedoch gleichermaßen die Erdoberfläche kühl.

Ich denke, die Vorstellung von der habitablen Zone ist fehlerhaft, denn sie ignoriert die Möglichkeit, dass ein Planet, der Leben hervorbringt, dazu neigt, seine Umwelt und sein Klima in einer Weise zu verändern, die das Leben auf ihm begünstigt, so wie unser Planet das tut. Mit der Suche nach Leben andernorts wurde aufgrund der falschen Annahme, dass die derzeitige Umwelt der Erde einfach ein geologischer Zufall ist, vielleicht schon eine Menge Zeit vertan. In Wahrheit wurde die Umwelt der Erde massiv angepasst, um die Bewohnbarkeit aufrechtzuerhalten. Es ist das *Leben*, das die Hitze der Sonne gesteuert hat. Wenn man das Leben auf dem Planeten komplett eliminieren würde, dann wäre er unmöglich bewohnbar, denn er würde viel zu heiß werden.

Wir werden also durch unseren Stern gemacht, der die Energie für das Leben bereitstellt, uns aber auch bedroht. Dieser Stern ist ein absolut gewöhnliches, ziemlich kleines, mittelaltes kosmisches Ding – ein 5 Milliarden Jahre alter Hauptreihenstern. Modelle der Sonne erklären, wie sie heiß bleibt, indem sie ihren Wasserstoff in den ultrastark strahlenden Regionen ihres Inneren zu Helium verschmilzt. Aber so wie brennende Kohle in Sauerstoffumgebung Kohlendioxid produziert, so produziert die Fusion von Wasserstoff Helium. Beide, Kohlendioxid und Helium, sind Treibhausgase: Das Erste erwärmt die Erde, das Zweite erwärmt die Sonne. Es lässt die inneren Zonen der Sonne heißer werden und verstärkt so die Fusionsaktivität; die außergewöhnliche Hitze bewirkt, dass sich die Sonne ausdehnt, und von ihrer vergrößerten Oberfläche strahlt mehr Hitze ab und wärmt die Erde. Sie wird ihre Hitzeproduktion weiter erhöhen, bis sie in 5 Milliarden Jahren ein Roter Riese werden und die Erde und die inneren Planeten des Sonnensystems langsam verschlucken wird.

Bisher schritt die Erwärmung der Sonne langsam genug voran, um zuzulassen, dass sich Leben entwickelt, ein Prozess, der Millionen Jahre dauert. Leider ist die Sonne nun zu heiß für die nochmalige Entwicklung von organischem Leben auf der Erde. Die Hitzeemission unseres Sterns ist zu groß, als dass sich Leben neu entwickeln könnte, wie es das, während des Archaikums vor 4 bis 2,5 Milliarden Jahren, aus einfachen Chemikalien getan hatte. Wenn das Leben auf der Erde ausgelöscht ist, dann wird es nicht von Neuem entstehen können.

Aber das ist nicht das unmittelbare Problem. Die wirkliche Bedrohung ist, dass die Sonne, auch wenn sie im Moment stabil ist, langsam, aber stetig immer mehr Hitze abgeben wird. Tatsächlich hat sich ihr Ausstoß über die letzten 3,5 Milliarden Jahre hinweg um 20 Prozent erhöht. Das wäre eigentlich genug gewesen, um die Oberflächentemperatur der Erde auf 50°C anzuheben und einen unaufhaltsamen Treibhauseffekt herbeizuführen, der den Planeten unfruchtbar gemacht hätte. Aber das ist nicht passiert. Sicherlich gab es das, was sich für uns wie Hitzeperioden oder Eiszeiten anfühlt, aber die Durchschnittstemperatur der gesamten Erdoberfläche scheint nicht um mehr als etwa 5°C von ihrer derzeitigen Temperatur abgewichen zu sein: 15°C.

Dafür sorgt Gaia. In der griechischen Mythologie ist Gaia die Göttin der Erde, und auf den Vorschlag des Schriftstellers William Golding hin benannte ich nach ihr die Theorie, die ich vor 50 Jahren entwickelt habe. Die Theorie besagt, dass das Leben, seit es entstand, daran gearbeitet hat, seine Umwelt zu verändern. Das ist im Ganzen nicht einfach zu erklären, weil es sich um einen komplexen, mehrdimensionalen Prozess handelt. Ich kann jedoch mit einer einfachen Computersimulation veranschaulichen, wie es funktioniert. Sie heißt Daisyworld, und ich habe sie mit dem Klimaforscher Andrew Watson 1983 veröffentlicht.

Ein Hauptreihenstern wie unsere Sonne heizt den Planeten Daisyworld langsam auf, bis er gerade warm genug ist, dass eine Spezies schwarzer Gänseblümchen seine gesamte Oberfläche besiedeln kann. Schwarze Gänseblümchen absorbieren Hitze, weshalb sie bei solch niedrigen Temperaturen gut gedeihen. Aber es gibt mutierte weiße Gänseblümchen, die die Hitze reflektieren, und während die Temperatur weiter ansteigt, beginnen diese nun zu blühen. Daisyworld wird also von weißen Gänseblümchen gekühlt und von schwarzen gewärmt. Eine einfache Blume ist in der Lage, die Umwelt im planetaren Maßstab zu regulieren und zu stabilisieren. Im Übrigen geht diese Stabilisierung aus einem streng darwinistischen Prozess hervor.

Erweitern Sie dieses Modell um die gesamte Flora und Fauna der Erde, und Sie erhalten das System, das ich Gaia genannt habe. Aber man kann es eigentlich gar nicht vergrößern, weil das System zu komplex ist; tatsächlich so komplex, dass wir es nirgends wirklich ganz verstehen. Vielleicht ist es schwer zu begreifen, weil wir intrinsischer Teil davon sind. Aber ich glaube, es liegt auch daran, dass wir uns zu sehr auf Sprache und logisches Denken verlegt und dem intuitiven Denken, das für unser Verständnis der Welt eine so große Rolle spielt, nicht genügend Achtung geschenkt haben.

Kurz gesagt, könnte die Menschheit also aufgrund von Kräften, die außerhalb unserer Kontrolle liegen, jeden Moment ausgelöscht werden. Aber wir können etwas tun, um uns selbst zu retten, indem wir lernen zu denken.

3

Denken lernen

—

Gaia ist nicht leicht zu erklären, weil es sich um ein Konzept handelt, das sich intuitiv, aus tief im Innern vorhandenen und meist unbewussten Informationen ergibt. Darin unterscheidet es sich völlig von den Konzepten, die direkt aus der von Wissenschaftlern bevorzugten schrittweisen Logik hervorgehen. Dynamische, selbstregulierende Systeme widersetzen sich ganz und gar einer logischen, auf schrittweiser Argumentation beruhenden Analyse. Ich kann Ihnen also keine logische Erklärung für Gaia bieten. Gleichwohl sind die Belege für ihre Existenz in meinen Augen wirklich außerordentlich stichhaltig. Sie finden das in meinen Büchern und Abhandlungen detailliert beschrieben.

Gaia zeigt, dass die gesamte Erde ein einziger lebender Organismus ist – für diese These, die mir intuitiv richtig erscheint, bin ich oft kritisiert worden. Ein Gegenargument ist, dass sie kein lebender Organismus sein kann, weil sie nicht in der Lage ist, sich fortzupflanzen. Meine Antwort darauf ist, dass sich ein 4 Milliarden Jahre alter Organismus nicht fortpflanzen muss. Vielleicht würde ich auch sagen, dass jene nicht existenten Außerirdischen, die eine dieser Raketen zur Asteroidenabwehr aus

der Erdatmosphäre auftauchen sähen, zu Recht denken würden, sie sei vom Planeten selbst abgeschossen worden. Sie lägen
genau richtig damit, denn es ist das ganze System – Gaia –, das
diese Rakete erschaffen hat. Aber sie lägen falsch, wenn sie
glaubten, die Nähe zu einem Stern und die Hitze, die die Erde
abstrahlt, würden zeigen, dass es dort kein Leben geben kann.
Diese Strahlung ist Gaias Werk. Sie ist es, die überschüssige
Hitze ins All hinaus pumpt, um das Leben zu schützen, und um
ihretwillen müssen wir unsere Denkweise ändern.

Als ich noch viel jünger war, akzeptierte ich die gängige wissenschaftliche Sichtweise, der Kosmos sei ein einfaches System
von Ursache und Wirkung. B wird durch A verursacht und verursacht wiederum C. Ich hatte vielleicht Gaia nicht genug Beachtung geschenkt. Die «A verursacht B»-Denkweise ist eindimensional und linear, während die Realität mehrdimensional
und nichtlinear ist. Man muss nur an sein eigenes Leben denken, um zu erkennen, wie absurd es ist zu glauben, alles könnte
als simpler linearer Prozess von Ursache und Wirkung erklärt
werden.

Es gibt auch Beispiele aus dem ganz grundlegenden technischen Erfindertum. Etwa den Fliehkraftregler, den James Watt
im 19. Jahrhundert erfand. Mit ihm konnte man die Geschwindigkeit einer Lokomotive kontrollieren. Der Regler besteht aus
einer vertikalen Stahlachse, die durch einen kleinen Teil der
Hauptantriebskraft gedreht wird und ganz einfach ein Paar
Messingkugeln rotieren lässt. Je schneller die Rotation, desto
mehr werden sie ausgelenkt. Die Drehbewegung war so angelegt, dass schnelles Drehen das Ventil schließt, das die Dampfmenge bestimmt, die zum Motor gelangt. In jeder Situation
konnte dieses einfache System die Geschwindigkeit stabilisie

ren und konstant halten, egal, ob der Triebwagen bergauf oder bergab fuhr. Wenn er es benutzte, konnte der Fahrer eine konstante Geschwindigkeit einstellen und es dem Regler überlassen, diese zu halten.

Sie denken vielleicht, dass das einfach und naheliegend ist; schlau, aber auch nicht mehr als das. Denken Sie noch einmal nach. An dem Versuch, die Funktionsweise des Reglers zu erklären, scheiterte selbst der größte Physiker des 19. Jahrhunderts, James Clerk Maxwell. Er berichtete der Royal Society, dass er drei Nächte lang wachgelegen und versucht hatte herzuleiten, wie das Gerät arbeitete, aber es war ihm nicht gelungen.

Die reine und konzise lineare Logik, die wir bis zu Aristoteles zurückverfolgen – Logik, die die Basis ist für so vieles, das in Wissenschaft und menschlichen Fragen von Belang ist –, scheitert komplett daran, einfache Systeme wie den Fliehkraftregler zu erklären. In noch viel höherem Maße ist auch der Wärmehaushalt eines Tieres oder Gaia mittels der klassischen Logik unerklärlich.

Der Fehler, den wir, wie ich glaube, gemacht haben, war es, weiterhin klassisch zu schlussfolgern. Wir haben diesen Fehler begangen aufgrund der Natur der Sprache, sei sie gesprochen oder geschrieben, und der zergliedernden Tendenz menschlichen Denkens. Wir wissen, dass unsere Freunde und Liebsten komplette Personen sind. Es mag mitunter sinnvoll sein, ihre Leber, ihre Haut oder ihr Blut zu untersuchen, um deren spezielle Funktionen zu verstehen oder auch aus medizinischen Gründen – aber die Person, die wir kennen, ist viel mehr als die bloße Summe dieser Teile.

Wie ich das sehe, besteht das logische Problem der Sprache darin, dass sie linear Schritt für Schritt funktioniert. Das ist praktisch zur Lösung im Wesentlichen statischer Probleme und hat uns gute Dienste geleistet. Es hat Logiker wie Frege, Russell, Wittgenstein und Popper dazu gebracht, verständliche Erklärungen unserer Welt zu liefern.

Wenn ich heute zurückblicke auf die langen Auseinandersetzungen, die ich mit Entwicklungsbiologen der westlichen Welt über Gaia hatte, dann erscheint es mir, als hätten wir aneinander vorbeigeredet. Von Anfang an habe ich Gaia als ein dynamisches System betrachtet. Ich wusste instinktiv, dass solche Systeme nicht linear-logisch erklärt werden können, aber ich wusste nicht, warum. Mein Instinkt rührte daher, dass ich eng vertraut war mit wissenschaftlichen Instrumenten, die dynamisch operierten. Und ebenso wichtig war, dass ich 1941 begonnen hatte, in der Abteilung für Physiologie des National Institute for Medical Research zu arbeiten. Hier waren die Mitarbeiter Systemwissenschaftler. Mein junger Geist sah die nichtlineare Weise, über dynamische Systeme nachzudenken, als selbstverständlich an.

Während tatsächlich viele Erd- und Biowissenschaftler in der englischsprachigen Welt die Gaia-Hypothese nicht akzeptierten, waren die europäischen Wissenschaftler tendenziell aufgeschlossener. Der angesehene schwedische Forscher Bert Bolin und andere Mitglieder der European Geophysical Union sorgten dafür, dass die Gutachter die Publikation meines ersten ausführlichen Papers über die Gaia-Hypothese 1972 in der schwedischen Fachzeitschrift *Tellus* nicht blockierten. In neuerer Zeit hat der herausragende französische Wissenschaftler Bruno Latour Gaia gestützt und betrachtet sie als die natürliche Nachfolgerin von Galileis Vision des Sonnensystems als Ansammlung von Planeten, die aus Felsgestein bestehen und um die Sonne kreisen. In Latours Vorstellung ist es die Ähnlichkeit der Planeten, die bedeutsam ist. In der Gaia-Version ist es die außergewöhnliche Andersartigkeit der Erde gegenüber den übrigen Planeten, die sie so besonders macht.

Bis auf wenige Ausnahmen ging es bei der Schlacht um Gaia kultiviert zu. Zwar ist das für einen wissenschaftlichen Streit eher untypisch, aber wir hatten uns darauf geeinigt, uneins zu sein. Es ist wichtig zu erwähnen, dass ich meine Forschung nicht hätte finanzieren können, wenn ich von Fördergeldern abhängig gewesen wäre. Praktisch alle Gelder, einschließlich meines Einkommens und der Reisekosten, kamen aus Zahlungen, die ich für das Lösen technischer Probleme von Regierungsdiensten oder der Industrie erhielt. Die akademische Welt verhielt sich jedoch fast überall zurückhaltender, wie die Kirche zur Zeit Galileis. Ich finde es ungewöhnlich, dass so viele gute Wissenschaftler anscheinend im Nebel herumstochern, indem sie zwanghaft versuchen, durch die klassische Logik das Unerklärliche zu erklären. Aber damals verhielt sich eine noch größere Zahl von Klerikern genauso.

Wie Newton vor langer Zeit herausfand, funktioniert logisches Denken nicht bei dynamischen Systemen, bei Dingen, die sich im Laufe der Zeit verändern können. Man kann die Funktionsweise von etwas Lebendigem schlechthin nicht durch Ursache-Wirkung-Logik erklären. Die meisten von uns, vor allem Frauen, haben das schon immer gewusst.

Newton machte seine Entdeckungen im 17. Jahrhundert, in einer Umgebung, die ganz vom klassischen Denken durchdrungen war – Trinity College, Cambridge. Klugerweise tarnte er die Logik dynamischer Systeme und wandelte sie in etwas um, das er Infinitesimalrechnung nannte. Seit dieser Zeit huldigen andere mathematisch versierte Wissenschaftler Newton und haben Methoden entwickelt, durch die ansonsten unerklärliche dynamische Systeme offenbar analysiert werden können.

Ich denke an die Physiker, die sich heute mit den Wundern von Quantencomputern und anderen praktischen Anwendungen der Quantentheorie, ähnlich den Ingenieuren und Physiologen, beschäftigen. Haben sie intuitiv erkannt, dass sie die Wunder, die sie hervorbringen und erfinden, auch wenn diese real sind und funktionieren, niemals erklären können? Sie können sie bestenfalls beschreiben.

Ich frage mich auch, ob diese großen Geister, die Newton, Galilei, Laplace, Fourier, Poincaré, Planck und vielen anderen gehörten, intuitiv auf ähnliche Weise dachten wie die Erbauer der Kathedralen. Keiner von ihnen besaß auch nur einen Rechenschieber, um jene feine Balance eines schönen Pfeilers so zu berechnen, dass er stark genug war, um jahrhundertelang Bestand zu haben. Das nächste Mal, wenn Sie über eine kilometerlange Hängebrücke fahren oder in 12 Kilometer Höhe fliegen, dann denken Sie daran, dass die Mathematiker, die die Brücke oder das Flugzeug berechneten, von etwas ziemlich Unlogischem ausgingen. Was die Ingenieure taten, war, sich eines ehrenwerten Betruges zu bedienen. Er erklärte scheinbar, wie das System funktionierte, aber in Wirklichkeit tat er nicht mehr, als es zu beschreiben.

Ich habe eben denselben ehrenwerten Betrug angewandt, um die unlogische Mathematik von Ökosystemen nutzbar zu machen, aber bisher hat fast niemand davon Gebrauch gemacht. 1992 habe ich in den *Philosophical Transactions of the Royal Society* ein Paper veröffentlicht, das auf einer Annahme des Biophysikers Alfred Lotka basierte. Er stellte die These auf, dass es wider Erwarten leichter sei, ein Ökosystem mit vielen Spezies zu entwickeln, wenn die physische Umwelt miteinbezogen werde – eine sehr gaianische Schlussfolgerung.

Bevor es Sprache und Schrift gab, dachten wir wie alle anderen Tiere intuitiv. Stellen Sie sich einen Landspaziergang vor, bei dem Sie unerwartet an den Rand einer Klippe gelangen, die so hoch und so steil ist, dass ein weiterer Schritt in den sicheren Tod führen würde. Wenn das geschieht, dann analysiert Ihr Gehirn diese Situation vor Ihnen und erkennt in Millisekunden unbewusst die Gefahr. Jede weitere Vorwärtsbewegung wird blockiert. Jüngste Messungen zeigen, dass diese instinktive Reaktion innerhalb von 40 Millisekunden nach Wahrnehmen der Gefahr abläuft. Sie findet statt, lange bevor Sie sich der Klippe bewusst werden. Mit anderen Worten, Sie werden durch Ihren Instinkt gerettet, nicht durch rationale, bewusste Gedanken über die Gefahr des Absturzes. Die menschliche Zivilisation hat keinen guten Weg eingeschlagen, als sie begann, die Intuition abzuwerten. Ohne sie sterben wir. Wie Einstein sagte: «Der intuitive Geist ist ein Geschenk und der rationale Geist ein treuer Diener. Wir haben eine Gesellschaft geschaffen, die den Diener ehrt und das Geschenk vergessen hat.»

Vielleicht ist das so gekommen, weil die weiblichen Einsichten ignoriert wurden. Wie lange ist es her, dass die erste Gruppe von Männern eine Idee, die sie nicht mochte, als «bloße weibliche Intuition» abtat? Ich vermute, das begann, als wir aufhörten, Jäger und Sammler zu sein, und in Städten lebten. Es war sicherlich Teil der antiken griechischen Philosophie. Sokrates' Bemerkung, außerhalb der Stadtmauern würde nichts Interessantes passieren, scheint auf das urbane Leben übertragbar. Aber der Preis dafür ist, dass bewusstes Denken, Diskussionen und Auseinandersetzungen höher geschätzt werden als der Instinkt. Die bewusste Debatte kostete Sokrates das Leben.

Der unbewusste Geist kann Gefahr also in 40 Millisekunden erfassen, eine Zeitspanne, die für die bewusste Wahrnehmung zu kurz ist. Überdies war innerhalb dieses Bruchteils unbewussten Denkens noch Zeit dafür, dass der intuitive Teil des Geistes mit einer Muskelreaktion antworten konnte. So haben wir es geschafft, schnelleren und kräftigeren Raubtieren zu entkommen.

Wissenschaft ist nie sicher oder exakt. Das Beste, was wir überhaupt tun können, ist, unser Wissen im Hinblick auf seine Wahrscheinlichkeit auszudrücken. Wir müssen begreifen, dass wir immer noch primitive Tiere sind. Eine Unmenge an Dingen, die es über unser Universum zu erfahren gilt, ist verstehbar, aber eine unbekannte und wahrscheinlich viel größere Menge ist absolut nicht beschreibbar, und, wie auch heute, werden wir niemals alles verstehen.

Aufgrund eines leidenschaftlichen Verlangens nach Gewissheit, etwas, das sich vermutlich während unserer Jäger-und-Sammler-Phase entwickelte, hat das Wissen, das wir über unsere Welt und das Universum zusammengetragen haben, möglicherweise die Färbung unseres Glaubens oder, in neuerer Zeit, unserer politischen Überzeugung angenommen, aber ich denke, das spielt keine große Rolle, denn da wir klüger werden, ist es leicht, den Edelstein vom Schlamm zu unterscheiden, der ihn umgibt.

Nur wenige Dinge veranschaulichen so deutlich wie die Erfindung des nichtexistenten Planeten Vulkan, wie irreführend die Ursache-Wirkung-Logik sein kann. Im frühen 19. Jahrhundert zeigten Beobachtungen der Umlaufbahn des Planeten

Merkur, dass diese, verglichen mit den Umlaufbahnen der anderen Planeten des Sonnensystems, anormal war. Wenn man diese Abweichung der Umlaufbahn als korrekt akzeptierte, dann bedeutete das, dass Newtons Gesetze der Planetenbewegung ein Irrtum waren. Um eine so verstörende Annahme nicht akzeptieren zu müssen, erfanden die Wissenschaftler den Planeten Vulkan, setzten ihn in einen imaginären sonnennäheren Orbit und gaben ihm eine Masse, deren Anziehungskraft ausreichte, um die Deviation des Merkur-Orbits zu rechtfertigen.

Fast ein Jahrhundert später legte Einstein dar, dass die Abweichung des Merkur-Orbits eine Folge der relativistischen Verzerrung der Raum-Zeit durch die riesige Masse der Sonne ist. Die Astronomen akzeptierten Newtons Gesetze noch immer, aber sie erkannten, dass es ihnen nicht gelungen war, ein komplettes Erklärungsmodell auch für Hochgravitationszonen zu finden.

Das ist ein Beispiel für einen Fehler von planetarem Format, der entstehen kann, wenn die Ursache-Wirkungs-Logik wörtlich genommen wird. Es war das Nachdenken über Vulkan, das mich hinaus zum westlichen Meereshorizont schauen ließ, während ich, als gerade die Sonne untergegangen war, an der Küste von Dorset entlang spazierte. Nun, da die Sonne sich unter der scharfen Linie des westlichen Horizontes befand, verfinsterte sich der Himmel, und ich wurde entschädigt durch das Erscheinen von Merkur, der nahe am Horizont funkelte. Dieser Anblick ist hier auf 52 Grad Nord selten genug, und wäre der hypothetische Planet Vulkan real gewesen, so fragte ich mich, hätte ihn dann irgendjemand gesehen, oder wäre er immer im Glanz der Sonne verborgen geblieben? Wir sind, wo wir sind, und wir sehen nur, was zu sehen ist. Aber durch die Intuition können wir viel mehr wissen, als wir sehen.

4

Warum wir hier sind

—

In Douglas Adams' *Per Anhalter durch die Galaxis*-Büchern sind die Delphine schlau genug, die Erde, kurz bevor sie zerstört wird, zu verlassen. Ihre Abschiedsbotschaft an die Menschheit lautet: «Macht's gut und danke für den Fisch.» Wie alle guten Witze funktioniert dieser, weil er uns das unbehagliche Gefühl gibt, dass es sich vielleicht nicht nur um einen Witz handelt. Wir wissen, dass Wale, Kraken und Schimpansen schlau sind, aber über was denken sie nach? Wie machen sie von ihrer Intelligenz Gebrauch? Vielleicht sehen sie uns, wie die Delphine, als chaotische, eher dumme Spezies an, die in erster Linie zum Heranschaffen von Nahrung nützlich ist.

Adams spitzt dieses Gefühl zu, indem er seinen Delphinen ein Bewusstsein für die unmittelbare Bedrohung der Erde und die Fähigkeit gibt, diese zu verlassen. Ich würde die Intelligenz von Delphinen nicht ganz so hoch einstufen. Aber wie intelligent andere Wesen auch sein mögen, für mich ist klar, dass das Alleinstellungsmerkmal der menschlichen Intelligenz darin besteht, dass wir sie gebrauchen, um die Welt und den Kosmos zu analysieren und Vermutungen anzustellen, und, im Anthropozän, um Veränderungen von planetarer Bedeutung zu bewirken.

Wie ich schon gesagt habe, glaube ich, dass nur wir das tun. Nur durch uns ist der Kosmos zur Selbsterkenntnis erwacht.

Das Aussterben der Menschheit wäre also nicht nur eine schlechte Nachricht für die Menschen, es wäre auch eine schlechte Nachricht für den Kosmos. Wenn wir annehmen, dass ich Recht habe und es keine intelligenten Aliens gibt, dann würde das Ende des Lebens auf der Erde das Ende allen Wissens und Verstehens bedeuten. Der wissende Kosmos würde sterben.

An dieser Stelle muss ich zurückgehen in meine Studienzeit in den 1930ern. Damals war es für die meisten Menschen in Großbritannien ganz normal zu sagen, dass sie an Gott glauben. Zu dieser früheren Zeit war Religion viel stärker Teil des Lebens, und viele glaubten, Gott habe die Menschen als das auserwählte Volk geschaffen. Betrachten wir uns heute, da Gott nicht mehr den höchsten Stellenwert hat, immer noch als Auserwählte?

Vermutlich nicht, aber ich tue es. Vielleicht nehme ich, weil ich als Quäker erzogen wurde, die Religion nicht in allem wortwörtlich – ich akzeptiere vieles von ihrer Weisheit, aber nicht unbedingt die Wahrheit ihrer Geschichten. Ich denke heute, dass diese religiöse Sicht der Menschen als Auserwählte vielleicht eine tiefe Wahrheit über den Kosmos ausdrückt. Dieser Gedanke regte sich in mir erstmals durch ein 1986 erschienenes Buch mit dem Titel *The Anthropic Cosmological Principle*, geschrieben von den beiden Kosmologen John Barrow und Frank Tipler.

Das Erste, was Barrows und Tiplers Buch in mir bewirkte, war ein Feuerwerk des Zweifels über das wissenschaftliche Prinzip von Ursache und Wirkung. Neuerdings habe ich realisiert, dass ich tatsächlich niemals ein reiner Wissenschaftler gewesen bin. Ich war ein Ingenieur. Alle Geräte, die ich erfunden habe, basieren auf technischen Prinzipien (auch wenn ich sie oft mit der Überzeugung gebaut habe, dass sie möglich sind, weil ich in der Lage war, das wissenschaftlich zu beweisen). Ingenieure gehen von der Welt aus, wie sie wirklich ist, und weniger von einem wissenschaftlichen Prinzip. Das war auch so, als ich 1961 einen Brief von der NASA bekam. Sie luden mich ein, «an der ersten Surveyor-Mission teilzuhaben ..., vorgesehen für eine weiche Mondlandung», zwei Jahre später. Sie wollten, dass ich dabei helfe, einen Gaschromatographen zu bauen. Er sollte so klein wie möglich sein. Ich wusste sofort, dass ich das konnte, auch wenn ich nicht wusste, wie.

Die zweite Wirkung des Buches war, mich denken zu lassen, dass wir vielleicht tatsächlich auserwählt sind. Barrow und Tipler gehen vom anthropischen Prinzip aus. Das klingt wie ein rein philosophisches Argument, aber es hat tatsächlich ernsthafte Auswirkungen auf die Wissenschaft. In seiner grundlegendsten Form sagt es etwas, das bei näherer Betrachtung offensichtlich erscheint. Nämlich, dass wir bei dem Versuch, den Kosmos zu beschreiben, zuerst einmal annehmen müssen, dass es sich um die Art von Kosmos handelt, die denkende Wesen wie uns hervorbringen kann. Anders gesagt, können wir nicht mit einer Theorie daherkommen, in der der Kosmos zu jung ist oder komplett aus Strahlung besteht, oder in dem die Erde nie zustande gekommen ist. Unsere Theorien sind begrenzt durch die Tatsache, dass wir hier sind, um sie uns auszudenken.

Nichts, was wir über den Kosmos sagen, kann also, sofern wir nach der Wahrheit streben, die Existenz denkender Wesen bestreiten, die fähig sind, solche Dinge zu äußern. Wir wissen zum Beispiel, dass der Kosmos älter als, sagen wir mal, eine Million Jahre sein muss, weil es viel länger dauert, bis sich intelligentes Leben entwickelt. Das bedeutet, dass unsere schiere Existenz das begrenzt, was wir über den Kosmos sagen können. Das ist kontrovers, weil einige denken, es sei eine banale Feststellung, die nichts zu unserer Erkenntnis beiträgt. Ich bin anderer Meinung.

Barrow und Tipler gehen noch weiter. Wenn wir den Kosmos beobachten, dann stellen wir fest, dass er ganz exakt darauf abgestimmt scheint, genau uns hervorzubringen. Es gibt viele physikalische Konstanten, von denen jede auch nur ein wenig anders hätte sein können, und wir wären nicht entstanden. Vielleicht haben wir unfassbar viel Glück gehabt – wir sind das Produkt einer Menge außergewöhnlicher Zufälle –, aber das liefert keinerlei Erklärung.

Eine Antwort darauf ist es, zu sagen, dass Gott für die günstigen Bedingungen verantwortlich gewesen sein muss; wie sonst könnte man etwas erklären, das sich jeder wissenschaftlichen Erklärung entzieht? Oder zum anderen könnten wir dagegenhalten, wie viele das tun, dass es zahllose Universen gibt, und offenbar befinden wir uns in einem, in dem intelligentes Leben auftauchen konnte; dann wäre daran nichts Magisches mehr. Diese «Multiversum»-Theorie wird als eine Erklärung für die Mysterien der Quantentheorie herangezogen. Es ist kein Wunder, dass ein Kosmos unter Milliarden gerüstet war, Leben hervorzubringen; andere ziehen einfach weiter ihre Bahn, unwissend und unbekannt. Das erscheint mir lediglich eine «Du kommst aus dem Gefängnis frei»-Karte zu sein – denn es kann weder bewiesen noch widerlegt werden.

Aber Barrow und Tipler bieten eine dritte Option. Vielleicht ist Information eine immanente Eigenschaft des Universums, und deshalb mussten bewusste Wesen zustande kommen. Dann wären wir wirklich Auserwählte – das Werkzeug, durch das der Kosmos sich selbst erklärt.

Können wir also sagen, das Ziel des Kosmos ist es, intelligentes Leben hervorzubringen und zu erhalten? Das kommt einer religiösen Stellungnahme gleich, nicht im Sinne der Geschichten – an sie glaube ich nicht –, aber im Sinne einer tiefen Wahrheit. An diese glaube ich. Der herausragende Staatspräsident der Tschechoslowakei und dann der Tschechischen Republik, Václav Havel, meinte 2003, als er in Philadelphia die Liberty-Medaille erhielt, dass das kosmisch anthropische Prinzip und Gaia zwei Hypothesen seien, die einen angemessenen Weg in die Zukunft wiesen. Dieser Zusammenhang war richtig und zutiefst wahr.

Ich finde es äußerst bewegend, mir vor Augen zu halten, wie unser Universum seit seiner Entstehung mit dem Urknall Gestalt annahm – zuerst die leichten Elemente, aus denen die frühen Sterne und Galaxien geboren wurden; dann sammelten sich, über Milliarden von Jahren hinweg, langsam die Elemente des Lebens und auch die Sternensysteme, auf deren Planeten sie sich vereinigen und irgendwann die ersten lebenden Zellen bilden konnten. Dann, wieder 4 Milliarden Jahre später, führten Zufall und Notwendigkeit zur Evolution der Tiere und schließlich des Menschen. Könnte es anders vonstatten gegangen sein? Laut Barrow und Tipler nicht. Und wir sind vielleicht nur der Auftakt, der Beginn eines Prozesses, durch den der gesamte Kosmos Bewusstsein erlangt.

Was die neuen Atheisten und ihre säkularen Anhänger meiner Meinung nach falsch gemacht haben, ist, dass sie das Kind der Wahrheit mit dem Badewasser des Mythos ausgeschüttet haben. In ihrer Ablehnung der Religion waren sie unfähig, deren inneren wahren Kern zu erkennen. Ich glaube, wir sind Auserwählte, aber nicht von Gott direkt oder irgendeinem individuell Handelnden auserwählt; stattdessen sind wir eine Spezies, die natürlich selektiert wurde – selektiert für die Intelligenz.

An diesem Punkt laufen wir Gefahr, in die quasi-theologischen Diskussionen verwickelt zu werden, die die Quantentheorie umgeben, die Welt der winzig kleinen Dinge, deren Rätsel zu vielen rivalisierenden Erklärungen anregen. Möglicherweise ist das kosmisch anthropische Prinzip, das Barrow und Tipler vertreten, das raffinierteste religiöse Konzept, das je erdacht wurde. Aber wir müssen nicht so weit gehen, die Idee zu mögen, wir seien in der Tat auserwählt. Das gibt uns Grund, stolz zu sein, aber nicht voller Überheblichkeit, denn unser Status bringt enorme Verantwortung mit sich. Betrachten wir uns als Spezies wie die ersten Photosynthetisierer. Jene primitiven einzelligen Organismen entdeckten unbewusst, wie sie den Energiestrom des Sonnenlichtes nutzen konnten, um die Nahrung für ihren Nachwuchs zu erzeugen und gleichzeitig für ihre Umwelt jenes magische – wenn auch für viele Organismen tödliche – Gas, Sauerstoff, freizusetzen. Ohne sie gäbe es kein Leben auf diesem Planeten. Ich denke, unser Auftauchen als Spezies ist genauso wichtig, wie es das Auftauchen jener Licht-Ernter vor 3 Milliarden Jahren war.

Es ist ein Grund, stolz und froh zu sein, dass wir Sonnenlicht ernten und seine Energie nutzen können, um Informationen zu gewinnen und zu speichern, was, wie ich später ausführen werde, ebenfalls eine fundamentale Eigenschaft des Universums ist. Aber das erfordert, dass wir diese Gabe weise einsetzen. Wir müssen die fortlaufende Evolution allen Lebens auf der Erde sichern, damit wir den ständig wachsenden Gefahren begegnen können, die uns und Gaia – das große, alles Leben und die materiellen Teile unseres Planeten umfassende System – unweigerlich bedrohen.

Von allen Spezies, die aus dem Energiestrom der Sonne Nutzen gezogen haben, sind wir diejenigen, die sich mit der Fähigkeit entwickelt haben, den Photonenfluss in Informationsbits umzuwandeln, die sich so zusammenfügen, dass sie die Evolution vorantreiben. Unsere Belohnung ist die Möglichkeit, etwas vom Universum und uns zu verstehen.

5

Die neuen Wissenden

—

Aber wie ich bereits sagte, steuert unsere Herrschaft als alleinige Versteher des Kosmos rasant ihrem Ende zu. Wir sollten davor keine Angst haben. Die Revolution, die gerade begonnen hat, kann auch als Fortführung des Prozesses begriffen werden, durch den die Erde die Entwicklung der Versteher fördert – der Wesen, die den Kosmos zur Selbsterkenntnis führen werden. Das Revolutionäre an diesem Moment ist, dass die Versteher der Zukunft keine Menschen sein werden, sondern «Cyborgs», wie ich beschlossen habe, sie zu nennen, die sich aus den Systemen künstlicher Intelligenz, die wir bereits entwickelt haben, selbst entwerfen und erschaffen werden. Diese Wesen werden bald tausend und schließlich Millionen mal intelligenter sein als wir.

Die Bezeichnung «Cyborg» wurde 1960 von Manfred Clynes und Nathan Kline geprägt. Sie bezieht sich auf einen kybernetischen Organismus: ein Organismus, der autark ist wie einer von uns, aber aus künstlich hergestellten Materialien besteht. Ich mag dieses Wort und seine Definition, weil sie alles bezeichnen kann, ob von der Größe eines Mikroorganismus oder eines Dickhäuters, vom Mikrochip bis zum Omnibus. Es wird heute meist gebraucht, um ein Wesen zu beschreiben, das halb Fleisch, halb Maschine ist. Ich verwende es hier, um hervorzuheben, dass die neuen Daseinsformen, wie wir, aus der darwinistischen Evolution hervorgehen werden. Sie werden zunächst nicht unabhängig von uns sein; tatsächlich werden sie unsere Nachkommen sein, weil die Systeme, die wir erschufen, sich als ihre Wegbereiter erwiesen haben.

Wir müssen keine Angst haben, weil diese anorganischen Wesen uns und die gesamte organische Welt zumindest anfänglich brauchen werden, um das Klima weiterhin zu regulieren, die Erde kühl zu halten, um die Sonnenhitze abzuwehren und uns vor den schlimmsten Auswirkungen zukünftiger Katastrophen zu schützen. Wir werden nicht in eine Art von Krieg zwischen Menschen und Maschinen abgleiten, den die Science-Fiction so oft beschreibt, denn wir brauchen einander. Gaia wird den Frieden bewahren.

Dies ist das Zeitalter, das ich das Novozän nenne. Ich bin sicher, dass man eines Tages einen angemesseneren Namen wählen wird, etwas Phantasievolleres, aber für den Augenblick verwende ich «Novozän», um das zu beschreiben, was zu einer der entscheidendsten Epochen in der Geschichte unseres Planeten und vielleicht des ganzen Kosmos werden könnte.

Bevor ich weiter auf das Novozän eingehe, muss ich erklären, wie wir durch die Errungenschaften der vorangegangenen Ära an diesen Punkt gelangt sind. Es war die Zeit, in der die Menschheit, die auserwählte Spezies, Technologien entwickelte, die sie befähigten, direkt in die Prozesse und Strukturen des gesamten Planeten einzugreifen. Es war das Zeitalter des Feuers, in dem wir lernten, das eingefangene Sonnenlicht der fernen Vergangenheit zu nutzen. Es wird Anthropozän genannt.

TEIL ZWEI

Das Zeitalter des Feuers

—

6

Thomas Newcomen

—

Newcomen wurde 1663 in Dartmouth, Devon, geboren und starb 1729 in London. In seinem Nachruf im *Monthly Chronicle* hieß es, er sei der «einzigartige Erfinder jener erstaunlichen Maschine, die Wasser durch Feuer hochzupumpen vermag». Und das war er, aber «erstaunlich» ist doch zu sehr britisches Understatement; «weltverändernd» wäre angemessener gewesen.

Über das Leben von Thomas Newcomen ist wenig bekannt. Er war ein baptistischer Laienprediger, Schmied und Ingenieur, auch wenn er nicht als solcher ausgebildet war. Es wird erzählt, dass er mit dem Wissenschaftler Thomas Hooke korrespondierte, aber das ist nicht gesichert. Es war jedenfalls nicht so, dass er Hookes Hilfe gebraucht hätte. Er war ein Praktiker, kein Theoretiker, und er hatte ein sehr praktisches Problem zu lösen: Er musste eine Möglichkeit finden, mehr Kohle aus der Erde zu fördern.

In Europa wächst im späten 17. und frühen 18. Jahrhundert die Bevölkerung, die Bildung der Nationalstaaten und die darauffolgenden Kriege hatten zu einem immer größeren Bedarf an Rohstoffen, vor allem Holz, geführt. Dieses wurde im großen

Stil für den Schiffsbau und zum Schmelzen von Eisen verwendet – zu Beginn des 18. Jahrhunderts wurden für den Bau eines Kriegsschiffes bis zu 4000 Bäume benötigt. Wälder wurden schneller abgeholzt, als sie nachwachsen konnten. Als Brennstoff war Kohle – die zehnmal mehr Hitze produziert als Holz – der naheliegende Ersatz. Aber durch zu viel Wasser in den Minen war die Produktion begrenzt. Für Großbritannien, das damals zur globalen Supermacht aufstieg, war das ein drängendes Problem.

Hier trat der Ingenieur auf den Plan, um zunächst die globale Strategie und dann die Erde selbst zu verändern. Alles, was Newcomen tat, war, eine dampfbetriebene Pumpe zu bauen. Sie verbrannte Kohle und nutzte die freigesetzte Hitze, um Wasser in Dampf zu verwandeln, der in einen Zylinder mit einem beweglichen Kolben geleitet wurde. Der Kolben hob sich, und daraufhin wurde kaltes Wasser aus einem nahegelegenen Fluss in den Zylinder gespritzt; der Dampf kondensierte, der Druck fiel, der Kolben bewegte sich wieder zurück in seine Ausgangsposition und verrichtete dabei eine große Menge Hubarbeit, die nötig war, um das Wasser aus den Minen zu pumpen. Diese «atmosphärische Dampfmaschine» war nicht die erste Dampfmaschine, aber sie war die bislang beste, und ihre Nachfolger trieben die Eisenbahnmotoren des 19. Jahrhunderts an. Ich will aber eigentlich darauf hinaus, dass das, wofür sie gebraucht wurde, weniger bedeutsam ist als ihre langfristigen Auswirkungen.

Dieser kleine Motor tat nichts Geringeres, als die Industrielle Revolution zu entfesseln. Es war das erste Mal, dass eine Lebensform auf der Erde zielgerichtet die Energie des Sonnenlichtes genutzt hatte, um mechanische Leistung zu erzeugen, die nach Bedarf abrufbar und auf profitable Weise einsetzbar war. Dies sicherte Wachstum und Fortpflanzung dieser Lebensform. Man kann dazu anmerken, dass Windmühlen und Segelboote das Gleiche taten, indem sie den Wind zum Antrieb nutzten. Das Besondere an Thomas Newcomens Maschine jedoch war, dass sie überall zu jeder Zeit eingesetzt werden konnte und nicht von irgendwelchen Launen des Wetters abhing. Sie fand auf der ganzen Welt Verbreitung. Ich denke, dass Newcomens Erfindung nicht nur als Beginn der Industriellen Revolution angesehen werden sollte, sondern auch als Beginn des Anthropozäns – des Zeitalters des Feuers, des Zeitalters, in dem die Menschen die Fähigkeit erwarben, die physische Welt im großen Stil zu wandeln.

Die Menschen hatten schon vorher Maschinen gebaut, aber diese war etwas vollkommen Neues. Newcomens Maschine konnte arbeiten, ohne durch einen Menschen bedient zu werden. Das war nicht gänzlich neu. Uhren zum Beispiel waren seit den ersten Klepsydrae (Wasseruhren), die, wie man glaubt, vor 6000 Jahren entstanden sind, selbstständig gelaufen. Newcomens Motor war jedoch viel leistungsfähiger, und er konnte umfassende Veränderungen der physischen Welt bewirken. Er kam zuerst in einer Mine in Griff, einem kleinen Nest südlich von Dudley in Warwickshire, zum Einsatz. Bis 1733, vier Jahre nach Newcomens Tod, waren etwa 125 seiner Maschinen in den meisten bedeutenden Bergbaurevieren Großbritanniens und Europas installiert worden.

Newcomen hatte Kohle und damit Energie ganz einfach leichter zugänglich gemacht. Seine Dampfpumpe ermöglichte die Förderung eines bis dahin unzugänglichen fossilen Brennstoffes. Bis zu diesem Zeitpunkt war die für unsere Spezies erhältliche Energie hauptsächlich das Sonnenlicht gewesen, das auf die Erdoberfläche fiel. Das schloss die Energie, die in Bäumen und Pflanzen enthalten war, mit ein. Über Millionen von Jahren hinweg war pflanzliches Material zu Kohle geworden. Bäume hatten mehr als 200 Millionen Jahre zuvor Sonnenenergie aufgefangen und sie in chemische Energie in Form von Sauerstoff und Holz umgewandelt. Dieses Holz wurde bei seiner Versteinerung zu Kohle. Ihre Verbrennung setzt konzentrierte uralte Vorräte an Solarenergie frei, Millionen Jahre von Sonnenlicht, gefangen in schwarzem Stein.

An dieser Stelle möchte ich betonen, dass die Entwicklung des Anthropozäns – das die Erde so massiv verändert hat – durch die Kräfte des Marktes vorangetrieben wurde. Wäre der Einsatz von Newcomens Dampfmaschine ökonomisch nicht gewinnbringend gewesen, dann würden wir vielleicht immer noch in der Welt des 17. Jahrhunderts leben. Der entscheidende Punkt an Newcomens Maschine war ihre Profitabilität. Allein die Idee hätte nicht ausgereicht, um die Entwicklung dieser Dampfpumpe zu gewährleisten. Tatsache ist, dass ihre große Bedeutung – wohl oder übel – darin lag, dass sie als Arbeitskraft billiger war als Menschen oder Pferde.

7

Ein neues Zeitalter

—

Das war der Wendepunkt, der Beginn einer neuen Ära. Schon bald löste die Dampfmaschine erdbebenartige soziale Umwälzungen aus. Die Industrielle Revolution war eine Epoche, die gleichzeitig großen Wohlstand und große Armut mit sich brachte. Sie brachte Armut, weil Arbeiter, die sich und ihre Familien zuvor aus dem Verkauf ihrer Arbeitskraft hatten ernähren können, durch diese neue billige Arbeitsquelle verarmten. Sie brachte Wohlstand, weil jene neuen künstlichen Arbeiter viel mehr produzieren konnten als Menschen.

Auch wenn der Begriff «Industrielle Revolution» ziemlich zutreffend ist, erfasst er weder die übergeordnete Bedeutung des Moments noch seine nachhaltigen Auswirkungen. Die bessere Bezeichnung ist Anthropozän, weil sie die gesamten 300 Jahre seit der Einführung von Newcomens Dampfpumpe bis heute abdeckt und das große Thema der Epoche widerspiegelt: die Macht des Menschen über den gesamten Planeten.

Das Wort «Anthropozän» wurde zuerst in den frühen 1980er Jahren von Eugene Stoermer verwendet, einem Ökologen, der über die Wasser der Großen Seen forschte, die Kanada von den Vereinigten Staaten trennen. Er prägte den Begriff, um den Einfluss der industriellen Umweltverschmutzung auf die Tierwelt der Seen zu beschreiben. Diese war ein weiteres Indiz dafür, dass das Handeln der Menschen im Anthropozän globale Auswirkungen haben konnte.

Mein eigener Beitrag zu dieser Einsicht folgte 1973. In den späten 1950er Jahren hatte ich – indem ich nichtlineare intuitive Erkenntnisse nutzte – ein Gerät entwickelt, das Elektroneneinfangdetektor (kurz ECD für electron capture detector) genannt wird. Er funktionierte, indem er ein lineares Gleichstromsignal in Frequenzen umwandelte, wobei die nachgewiesene Stoffmenge sich direkt als Frequenz zeigte. Der ECD ist in der Lage, nahezu unendlich kleine Mengen chemischer Verbindungen zu detektieren. 1971 nahm ich ein solches Gerät mit auf eine Reise zum Südatlantik und fand Spuren von Fluorchlorkohlenwasserstoffen (FCKW) in der Atmosphäre. Diese wurden unter anderem in großen Mengen in Kühlschränken verwendet. Die Hersteller waren fest entschlossen zu leugnen, dass sie irgendwelche Auswirkungen auf die globale Umwelt, insbesondere auf den Abbau der Ozonschicht in der Atmosphäre, hatten. Meine Beobachtungen zeigten, dass sich das FCKW auf der ganzen Erde verbreitet hatte. Es wurde zuerst reglementiert und dann verboten.

Die analytische Chemie lieferte den Beweis, dass wir in einer Welt angekommen waren, in der menschliche Erfindungen Auswirkungen auf den ganzen Planeten haben konnten – in der Welt des Anthropozäns. Es gibt Kontroversen darüber, wann diese Epoche begann. Für einige beginnt sie bereits mit dem ersten Auftauchen des *Homo sapiens*, für andere mit der ersten Atomexplosion 1945. Bislang ist sie noch nicht einmal allgemein als geologische Epoche anerkannt. Viele beharren darauf, dass wir uns immer noch im Holozän befinden, das vor etwa 11 500 Jahren begann, als die letzte Eiszeit endete. Ihm voran ging das Pleistozän, das 2,4 Millionen Jahre andauerte, und zuvor herrschten das Pliozän (2,7 Millionen Jahre lang) und das Miozän (18 Millionen Jahre lang). Die Zeiträume scheinen immer größer zu werden, bis hin zum Urknall, um den sie plötzlich unfassbar klein werden: Das erste Zeitalter des Kosmos, bekannt als die Epoche der Großen Vereinigung, begann 10^{-43} Sekunden nach dem Urknall und dauerte nur bis 10^{-36} Sekunden. Wenn wir das Anthropozän anerkennen, und ich denke, wir sollten das tun, dann werden die Zeitalter noch einmal kürzer. In meinen Augen wird das Novozän vielleicht nur 100 Jahre dauern, aber darauf werde ich noch zurückkommen.

Für mich ist der springende Punkt, der die Definition des Anthropozäns als neue geologische Epoche rechtfertigt, der radikale Umbruch, der stattfand, als die Menschen zum ersten Mal begannen, gespeicherte Sonnenenergie in nützliche Arbeit umzuwandeln. Das macht das Anthropozän zur zweiten Stufe der Sonnenkraftaufbereitung des Planeten. Auf der ersten Stufe befähigte der chemische Prozess der Photosynthese Organismen dazu, Licht in chemische Energie umzuwandeln. Die dritte Stufe wird das Novozän sein, in dem aus Solarenergie Information wird.

Aber wenn Sie wirklich noch mehr Beweise dafür brauchen, dass das Anthropozän ein wahrhaft neues Zeitalter ist, dann sehen Sie sich zuerst um, und werfen Sie einen Blick auf die sich immer weiter ausbreitenden Städte, die Straßen, die Glastürme der Büros und Wohnungen, die Kraftwerke, die Autos und Lastwagen, die Fabriken und Flughäfen. Oder schauen Sie sich Aufnahmen der Erde bei Nacht vom Weltall aus gesehen an –

sie ist von einer Decke aus leuchtenden Lichtpunkten überzogen. Dann sollten Sie noch *The Natural History of Selborne* von Gilbert White lesen, um zu sehen, wie weit wir gekommen sind. White war Pfarrer in der Dorfkirche von Selborne, Hampshire. Er war ein genialer Beobachter und Autor – er schrieb über den Laut einer Schwalbe, die eine Fliege mit dem Schnabel fängt, dieser ähnele «dem Geräusch des zuschnappenden Sprungdeckels einer Taschenuhr». Dieses Buch, das 1789 erschienen war, noch bevor sich die Durchschlagskraft des Anthropozäns offenbart hatte, ist eine Pflichtlektüre für jeden, der wissen will, wie es war, bevor die moderne, sich rasch wandelnde Welt des neuen Zeitalters zur Norm wurde. White war Universalgelehrter und Wissenschaftler. Wie ich baute er seine eigenen Instrumente und benutzte sie, um genaue Beobachtungen seiner natürlichen Umgebung anzustellen.

Sein Buch ist sowohl ein liebevoller Bericht über die Welt der Natur, als auch ein wissenschaftlicher Text, der noch heute nützlich ist. Er vermerkte zum Beispiel die unbarmherzige Hitze, Kälte und den Nebel des Jahres 1783. Sie waren eine Folge der Eruption des Vulkans Laki in Island, der riesige Mengen von Asche und Schwefelgasen ausstieß, die wiederum mit der Luft reagierten und Schwefelsäure-Aerosole bildeten. Klimaforscher können heute die Zuverlässigkeit ihrer Versuchsmodelle testen, indem sie die Laki-Eruption als experimentelle Störung einsetzen und sich dann anschauen, wie weit ihre Vorhersagen mit dem Klimawandel in Selborne übereinstimmen.

Von Whites Selborne zu den Megacities von heute, mit Bevölkerungszahlen von 30 Millionen oder mehr, hat nicht nur eine einfache Entwicklung, sondern ein explosionsartiger Wandel der Welt stattgefunden, eine massive Erhöhung der Lebensintensität auf der Erde. Nichts dergleichen geschah je zuvor. Das Anthropozän mag nicht offiziell anerkannt sein, aber es ist dessen ungeachtet die wichtigste Periode in der langen Geschichte unseres alten Planeten.

8

Beschleunigung

—

Gilbert Whites Buch wurde später als Porträt einer Welt angesehen, die wir verloren haben und nun beweinen. White wurde 1720 geboren, acht Jahre, nachdem Newcomen seine erste Dampfpumpe installiert hatte, und er starb 1793, als das Anthropozän über die Welt hereinbrach, die er gefeiert und dokumentiert hatte. Schließlich, 1825, hielt das neue Zeitalter mit der Eröffnung der Stockton und Darlington-Eisenbahnlinie vollends Einzug; danach breiteten sich Eisenbahnen auf der ganzen Welt aus. Die Geschichte des Anthropozäns drehte sich im 19. Jahrhundert um diese globale Entwicklung. In China, der heute wichtigsten Industriewirtschaft, wurde die erste Eisenbahn 1876 gebaut, und bis 1911 existierten bereits 9000 Kilometer Gleisstrecke.

Das Aufkommen der Eisenbahnen brachte ein anderes großes Thema des Anthropozäns mit sich – die Beschleunigung. Bald nach Beginn des Anthropozäns wurden wir, wie ein Halbstarker in seinem getunten Auto, von der Kraft der Beschleunigung mitgerissen. Wir haben unseren Fuß 300 Jahre lang auf dem Gaspedal gelassen und nähern uns nun einer Zeit, in der unsere elektronischen, mechanischen und biologischen Artefakte das System der Erde selbst steuern können.

Vorangegangene Technologien hatten die Geschwindigkeit der menschlichen Bewegung nicht beeinflusst; Napoleons Armeen kamen nicht viel schneller voran als die von Julius Cäsar. Von dem Moment an, als die Eisenbahnen erfunden wurden, erhöhte sich deren Geschwindigkeit immer weiter, bis sie die 320 km/h von heute und die 640 km/h der Magnetschwebebahnen der Zukunft erreichten. Aber nicht nur das, sie beförderten auch Massen von Menschen, die vorher auf ihre Füße oder, wenn sie reich waren, auf Pferde angewiesen waren. Stellen Sie sich vor, in der Nähe eines Dorfes, weit draußen auf dem Land, wird eine Eisenbahnlinie gebaut. Die jahrhundertelange Erfahrung und das Wissen darüber, wie die Welt und das eigene Leben funktionieren, werden beim Anblick der ersten Lokomotive über den Haufen geworfen.

Der romantische Dichter William Wordsworth erkannte klarer und schmerzlicher als die meisten, was vor sich ging. Sein Sonett «Zur geplanten Kendal-Windermere-Eisenbahn» beginnt so:

> Gibt es denn keinen Winkel mehr in diesem Land,
> der sicher ist vor unbedachten Übergriffen?
> Was planend man ersehnt hat für den Ruhestand,
> den Blütentraum auch rein erhalten hat inmitten
> geschäft'ger Welt: Als wenn die Blüte welkend schwand,
> so lang gehegte Hoffnung manchem ist entglitten!

Das Anthropozän nimmt keine Rücksicht, nicht einmal auf die Sehnsüchte eines literarischen Genies.

Nicht nur im Hinblick auf Eisenbahnen hat die Beschleunigung des Anthropozäns alles weit übertroffen, was sich Wordsworth in seinen heftigsten Alpträumen hätte ausmalen können. Militärflugzeuge können heute mit mehr als der doppelten Schallgeschwindigkeit fliegen, und Raketen erreichen 40 300 km/h, die Geschwindigkeit, die nötig ist, um dem Gravitationsfeld der Erde zu entkommen. Aber die Geschwindigkeit, die die Welt am stärksten verändert hat, ist die der Zivilflugzeuge – 800 bis 1000 km/h –, denn sie transportieren Massen von Menschen um die Welt und vergrößern so die kulturelle Homogenisierung und die globale Reichweite des neuen Zeitalters.

Solche Entwicklungen signalisieren eine andere Form von Beschleunigung. Das Anthropozän brachte neue Werkzeuge mit sich, die den Fortschritt schneller vorantrieben. Die Seevögel mit ihrem eleganten Flug brauchten mehr als 50 Millionen Jahre, um aus ihren echsenartigen Ahnen hervorzugehen. Vergleichen Sie das mit der Entwicklung der heutigen Linienflugzeuge aus den «Stringbag (Einkaufsnetz)»-Doppeldeckern, die vor gerade einmal 100 Jahren geflogen sind. Eine solche intelligente, absichtsvolle Selektion ist offensichtlich millionenfach schneller als die natürliche Auslese. Indem wir über die natürliche Selektion hinausgehen, haben wir uns bereits als Zauberlehrlinge eingeschrieben.

Aber die für das gerade anbrechende Zeitalter bedeutsamste Form der Beschleunigung ist die elektronische. 1965 veröffentlichte Gordon Moore, Mitbegründer des Chip-Herstellers Intel, eine berühmte Abhandlung, in der er voraussagte, dass sich die Zahl der Transistoren, die auf einem integrierten Schaltkreis installiert werden können, jedes Jahr verdoppeln werde. Bekannt als Mooresches Gesetz, bedeutet das, dass die Rechengeschwindigkeit und Kapazität von Silikonchips exponentiell wächst.

Mit einigen Abweichungen – die Dopplungsrate wurde auf zwei oder wenig mehr Jahre angepasst – hat Moore Recht behalten, und die Verdoppelung, die er vorhergesagt hatte, setzte sich für mindestens 40 Jahre fort. Wenn Sie finden, dass eine Verdoppelung alle zwei Jahre nicht so sehr schnell ist, dann denken Sie noch einmal nach, denn das bedeutet ein tausendfaches Wachstum innerhalb von 20 Jahren und einen trillionenfachen Anstieg während einer Lebensdauer von 80 Jahren. Einige sagen, dieser Prozess wird zum Stillstand kommen, wenn wir das physikalische Limit von Silikon erreichen. Das mag richtig sein, aber in Zukunft werden Chips wahrscheinlich eher auf Carbon basieren; ein Diamantenchip hätte eine Geschwindigkeit, die alles übertrifft, was wir uns derzeit vorstellen können.

9

Krieg

—

Unglücklicherweise hat sich die Kraft des Anthropozäns am heftigsten durch Kriege manifestiert. Es war ein Zeitalter, das dank der Genialität unserer neuen Maschinen wie geschaffen war für immer blutigere Konflikte. Wie der Philosoph und Historiker Lewis Mumford in *Technics and Civilization* feststellte: «Krieg ist das ultimative Drama einer komplett mechanisierten Gesellschaft.»

Schon vor 1700 war Kriegsführung ziemlich brutal, aber sie basierte hauptsächlich auf Menschen und einer gewissen Menge Schießpulver. Im Amerikanischen Bürgerkrieg, der von 1861 bis 1865 dauerte und über eine Million Leben kostete, wurden zum ersten Mal Erfindungen des Anthropozäns zur Kriegsführung eingesetzt. Richard Gatlings rotierende Schnellfeuerkanone, der Vorläufer aller zukünftigen Maschinengewehre, fand in diesem Konflikt erstmals Verwendung. Auch der Grabenkampf wurde durch wachsende Geschwindigkeit und Reichweite der Geschütze immer ausgefeilter. Es war eine Taktik, die zum schlammigen Gemetzel des Ersten Weltkriegs führte.

Darauf folgten die Luftstreitkräfte. Diese dehnten die Frontlinien aus, bis sie ganze Nationen umfassten, und Zivilisten wurden zu legitimen Zielen. Die grausame Bombardierung von Guernica im April 1937 durch Hitlers Luftwaffe, unterstützt von Francos Faschisten, machte deutlich, dass es in den Kriegen des Anthropozäns so etwas wie Nichtkombattanten einfach nicht gab.

Diese ganze grauenvolle Geschichte wäre noch schlimmer gewesen, wenn Leo Szilard eine bestimmte Straße in London zehn Jahre früher überquert hätte, als er das tatsächlich tat. Szilard war ein ungarisch-jüdischer Physiker, der nach London auswanderte, als Hitler 1933 an die Macht kam. Am Morgen des 12. September jenes Jahres trat er von der Bordsteinkante, um die Southampton Row zu überqueren. Als er das tat, so der Historiker Richard Rhodes, «brach die Zeit vor ihm auf, und er sah einen Weg in die Zukunft ..., den Schatten der Dinge, die kommen sollten». Er hatte die Möglichkeit gesehen, eine nukleare Kettenreaktion in Gang zu setzen; er hatte Kernenergie gesehen, aber er hatte auch die Atombombe gesehen. Wäre das 1923 und nicht 1933 passiert, dann hätte man den Zweiten Weltkrieg mit Nuklearwaffen ausgetragen. Er wäre sehr viel kürzer und noch todbringender gewesen.

In diesem Fall dauerte es noch einmal 12 Jahre, bis Nuklearwaffen hergestellt werden konnten. Nur Hiroshima und Nagasaki wurden mit Atombomben angegriffen. Die nachfolgenden Atomexplosionen geschahen alle zu Testzwecken; diese erreichten 1961 einen schrecklichen Höhepunkt mit der sowjetischen Zar-Bombe, einer 50-Megatonnen-Fusionswaffe, die, jemals in feindlicher Absicht gebraucht, eine Großstadt und ihre unmittelbare Umgebung auslöschen würde. Die Verseuchung durch diese Tests war so enorm, dass sogar noch heute, fast 60 Jahre später, die durch sie entstandene Radioaktivität in unseren Körpern Forensikern dabei hilft, Todeszeitpunkte zu bestimmen.

Das Wettrüsten mit mächtigen Nuklearwaffen erreichte im

Jahr der Zar-Bombe ein absurd gefährliches Stadium. Während dieser schmutzigen Zeit wurden etwa 500 Megatonnen Atomsprengkörper auf Inseln im Pazifischen und Arktischen Ozean zur Explosion gebracht. Dies entspricht der nicht abgeschirmten Explosion von 30 000 Atombomben vom Format der Hiroshima-Bombe. Das war reiner Irrsinn.

Ich werde nie vergessen, wie ich einmal neben dem Sprengkopf einer Atomrakete stand, der zur Inspektion geöffnet worden war. Die drei Bomben, mit denen er bestückt war, waren mit glänzender Aluminiumfolie ummantelt, und jede war klein genug, um in meine Hand zu passen. Sie waren so gebaut, dass jede Einzelne von ihnen eine Stadt von der Größe Londons vernichten konnte. Und jede Einzelne war 60-mal stärker als die Bombe, die mehr als 70 Jahre zuvor über Hiroshima detoniert war. Welcher Politiker oder Kriegsherr würde es wagen, eine von ihnen zu zünden? Derzeit erschiene das als das ultimative Verbrechen.

Wir können uns mit der Tatsache beruhigen, dass sich der Einsatz solcher Waffen in den Kriegen der mehr als 70 Jahre, die seither vergangen sind, nicht wiederholte. Mag sein, dass ihre Existenz genügte, um große Kriege zu verhindern, und allein die Tatsache, dass sie so tödlich sind, bewirkte glücklicherweise, dass die Verbindung zwischen Anthropozän und Krieg entkoppelt wurde.

Die technologischen Erfolge in Raumfahrt und Waffenentwicklung wurden nahezu blauäugig vorangetrieben, und viele der Weltraumforscher, mich eingeschlossen, waren sich nicht darüber im Klaren, dass sie auch für Waffensysteme eine entscheidende Rolle spielten. Ich weiß, dass es sich – zumindest was die Vereinigten Staaten angeht – so verhält, weil ich einige Zeit mit den Raketentechnikern im Jet Propulsion Laboratory in Kalifornien zusammengearbeitet habe. Die meisten von uns, die dort arbeiteten, um die Navigation und Steuerung von Raumfahrzeugen zu verbessern, dachten fast nur über deren Rolle für die Erforschung des Sonnensystems nach. Darüber, dass vieles, was wir taten, auch wesentlich für die Steuerung einer Nuklearwaffe zu ihrem Angriffsziel war, sprachen wir kaum je und dachten auch selten darüber nach. Obwohl ich es nicht direkt weiß, kann ich nicht umhin zu glauben, dass eine ähnliche Dissoziation in den Köpfen der russischen Wissenschaftler und Ingenieure stattgefunden haben muss.

Angriffe auf Zivilisten erzeugten seit Guernica zunehmend einen Sinn dafür, dass Krieg an sich ein Übel ist. Bevor die Industrie tödliche Waffen bereitstellte, wurde zwar Krieg geführt, jedoch in seiner Intensität begrenzt durch die Kapazität unseres Gehirns und verstärkt durch unsere Muskeln. Er konnte natürlich tödlich sein, aber irgendwie haben wir ihn als Teil unserer Natur akzeptiert. Aber wir würden heute nicht freiwillig die Gräuel von Graben- oder Atomkriegen hinnehmen. Wie der Historiker Sir Lawrence Freedman anmerkte, führen Demokratien Kriege heutzutage nicht mehr aufgrund von Ideologien, Gebietsansprüchen, Politik oder Ruhm; die einzige Legitimation, die wir anerkennen, ist paradoxerweise das Beenden von Leid. Kriege von Staaten gegen Staaten sind heutzutage aus der Geschichte gefallen, so wie sich auch das Anthropozän dem Ende neigt.

Vielleicht war es die wachsende Macht des Krieges, die uns törichterweise dazu gebracht hat, die Nuklearenergie zu hassen. Das Anthropozän begann, als wir die Kraft nutzten, die in Kohle und Sauerstoff gespeichert war, um Energie zu erzeugen. Aber das war keine nachhaltige Energiequelle, und so müssen wir heute dazu übergehen, zeitweise Kernkraft einzusetzen, bis es uns entweder gelingt, Solarenergie effizient zu gewinnen oder herauszufinden, wie wir den nahezu unbegrenzten Vorrat der Kernfusionsenergie nutzen können.

Aber wir wehren uns dagegen. Ich versuche seit mehr als 40 Jahren, meine Kollegen davon zu überzeugen, dass das Risiko des Energiegewinns aus transuranischen Elementen belanglos ist gegenüber dem der Verbrennung fossiler Energieträger, aber bisher, wie es scheint, ohne Erfolg. Ich glaube gerne, dass die jüngere Generation die Kraft und die frischgebackenen Neuronen haben wird, um die Aufgabe zu übernehmen, uns mit sicherer und angemessener Energie zu versorgen, aber selbst wenn sie es könnte, bezweifle ich, dass man es ihr erlauben würde. So kann ich also nicht nachlassen und den Berg vor mir ausblenden. Irgendwie muss ich weiterlaufen, bis die Menschen davon überzeugt sind, dass das Resultat unseres jetzigen Kurses fatal sein wird. Ich übertreibe nicht; ein kurzer Blick auf irgendwelche Nachrichtenmeldungen in der Welt offenbart in der Regel Freude über die Entdeckung eines neuen Vorkommens fossiler Brennstoffe, das die Energiepreise niedrig halten wird. Ich muss diese Journalisten davon überzeugen, dass es kaum schlimmer wäre, wenn man Minen voller Heroin und Kokain entdeckt hätte. Wir mögen vielleicht die einzige Quelle von Hochintelligenz im Kosmos sein, aber unser Beharren, die Erzeugung von Nuklearenergie zu meiden, gleicht einem Autogenozid. Nichts stellt die Grenzen unserer Intelligenz klarer unter Beweis.

Nicht einmal die stärkste aller traditionellen Religionen hat uns daran gehindert, eine, wie ich glaube, grundlegend böse Tat zu begehen, indem wir Nuklearenergie zur Kriegsführung eingesetzt haben. Der Missbrauch der Wissenschaft ist sicherlich die schlimmste Art der Sünde.

10

Städte

—

Städte waren das Spektakulärste, was das Anthropozän hervorgebracht hat. Früher lebten sehr wenige Menschen in Städten, aber heute tut dies mehr als die Hälfte der Weltbevölkerung; in der höher entwickelten Welt liegt die Zahl vielleicht bei nahezu 90 Prozent. Kein Phänomen bringt die weltverändernde Kraft unseres Zeitalters dramatischer zum Ausdruck als die Megacity. Groß-Tokio (38 Millionen Einwohner), Schanghai (34 Millionen), Jakarta (31 Millionen) und Delhi (27 Millionen) führen die Liste derzeit an, aber die Zahlen ändern sich laufend. Das ist nicht nur eine Auswirkung der wachsenden Weltbevölkerung, sondern auch die natürliche Folge einer Ära, in der die Arbeitsmöglichkeiten in den Städten profitabler und verfügbarer wurden als auf dem Land.

Die Entstehung von Städten ist in gewisser Weise natürlich, da sie der Entwicklung von Insektenkolonien zu folgen scheint. Es gibt offensichtliche Parallelen zwischen dem Turm eines Termitenbaus und den hohen Büro- und Wohnblocks, die in unseren heutigen Städten aus dem Boden schießen. Zunächst fand ich das deprimierend. Diese menschlichen Nester sind, wie die Termitenhügel, oftmals bewundernswerte architektonische und technische Meisterwerke. Aber der Preis, den jede Termite zahlt, scheint hoch. Der einzelne Arbeiter, der einst frei in den Ebenen lebte, verbringt nun sein ganzes Leben damit, Dreck zu sammeln, ihn mit Kot zu vermischen und die stinkende Masse in Ritzen in der Wand des Baus oder an irgendeine Stelle zu kleben, die ihm sein integriertes Programm vorgibt. Ähnelt etwas daran jenem egalitären Paradies eines modellhaften zukünftigen Stadtlebens? Kommt man an einem modernen Büroturm vorbei, dann ist es schwer, die Termitenanalogie auszublenden – in Glaskästen tut jeder exakt das Gleiche, zwar nicht Scheiße mischen, aber auf Computerbildschirme starren.

Der Biologe Edward O. Wilson brachte sein Leben damit zu, die seltsam geordneten Welten verschiedener Spezies wirbelloser Tiere, Ameisen und Termiten zu studieren. Es scheint, dass diese Geschöpfe vor gut 100 Millionen Jahren als Individuen oder in kleinen Gruppen umherzogen. Gleichzeitig mit ihnen existierten die fliegenden wirbellosen Tiere, die Vorfahren von Hornissen, Wespen und Bienen aller Art, große und kleine, auch zumeist als Einzelgänger. Mit der Zeit bildeten sie größtenteils Nestgemeinschaften, einige von ihnen so gut organisiert, dass das Nest selbst eine unabhängige Physiologie zu haben schien. So konnte man nachweisen, dass Bienennester in Kanada im Innern eine Temperatur von 35°C aufrechterhielten, während die Außentemperatur weit unter 0°C lag.

Bienennester unterscheiden sich von Termitenbauten – sie sind hierarchischer. Frisch geschlüpften Bienen scheinen untergeordnete Aufgaben zuzukommen: Zum Beispiel kann eine Biene am Eingang des Nestes sitzen und mit ihren Flügeln einen konstanten Luftstrom erzeugen – sie ist damit Teil des nesteigenen Programms, die Idealtemperatur für seine Bewohner aufrechtzuerhalten. Junge Bienen übernehmen auch die vergleichsweise leichte Aufgabe, die Larven zu füttern und zu hüten. Wenn sie älter werden, fallen ihnen qualifiziertere Tätigkeiten zu, wie etwa Verteidigung und die Reparatur von Rissen in den Wänden. Dann, wenn sie ihre Ausbildung fast abgeschlossen haben, werden ihnen die Grundlagen des Fouragierens beigebracht – der anspruchsvollen Aufgabe, nahegelegene Futterquellen zu finden, deren Menge und Wert abzuschätzen, um dann zum Nest zurückzukehren und ihren Schwestern die Neuigkeiten zu berichten. Letztlich werden die klügsten Futtersucher für die schwierigste Aufgabe ausgewählt – die, einen geeigneten Platz für das nächste Nest zu finden. Er könnte überall innerhalb eines Radius von 2 Kilometern sein.

Ich war einmal dumm genug zu glauben, dass das winzige Gehirn einer Biene nie irgendetwas leisten könnte, das mit der sozialen Intelligenz des Menschen vergleichbar wäre. Aber ich fand schon bald heraus, dass Bienen eine relativ komplexe Sprache haben und durch Tanzen kommunizieren. Und was höchst außergewöhnlich ist: Man konnte beobachten, dass Hummeln Fußball spielen.

Scheinbar kann in der Welt der wirbellosen Tiere die totalitäre Monarchie der Termiten stabil mit der hierarchischen Monarchie von Bienen koexistieren. Dies könnte als evolutionärer Prozess betrachtet werden wie die menschliche Migration von der ländlichen zur städtischen Existenz. Ich finde es bemerkenswert, dass das Konzept des Zusammenlebens in einem Nest bei den Wirbellosen 100 Millionen Jahre lang Bestand hatte. Könnte diese Entwicklung der Ameisen, Termiten, Bienen und Wespen als lebendes Modell für unsere eigene Form des Stadtlebens dienen?

Tatsächlich ruft das Modell häufiger Abneigung hervor, meist weil das Stadtleben als Verlust empfunden wird. Wie Thomas Jefferson bemerkte: «Wenn wir erst einmal wie in Europa in großen Städten zusammengepfercht sind, werden wir ebenso korrupt werden wie die Europäer ...» Er fühlte deutlich, wie viele das tun, dass das kleinstädtische Leben, die Wildnis und das weite Land etwas Wahrhaftes, Authentisches und Reines an sich hatten.

In der Populärkultur werden Städte ebenso oft als schreckliche Dystopien porträtiert, wie sie als Orte der Befreiung und Begeisterung geschildert werden. Die Gefühle pendeln hin und her. Städte wurden einst als ökologische Katastrophengebiete angesehen; heute weiß man, dass sie fossile Brennstoffe viel effizienter nutzen als die Vororte oder die umliegenden ländlichen Gegenden. So oder so, es ist klar, dass Städte die Zwiespältigkeit unserer Gefühle hinsichtlich des Anthropozäns herausdestillieren.

Städte sind das offenkundigste Zeichen für die Macht des Anthropozäns, unseren Planeten zu verändern. Nachtaufnahmen der Erde, die von Satelliten aus gemacht wurden, zeigen funkelnde Lichtpunkte, Ketten und Blitze, die sich aneinanderfügen. Ein imaginärer Außerirdischer, der nahe genug herankäme, würde keinen Zweifel daran hegen, dass es auf der Erde nicht nur Leben gibt, sondern dass dieses Leben auch so hochentwickelt ist, dass es für die nächste Stufe der Evolution bereit ist.

11

Um uns ist zu viel Welt ...

—

Die ungeheuren «Hämoklysmen», oder das Blutvergießen, das mit dem Amerikanischen Bürgerkrieg begann und während des 20. Jahrhunderts immer stärkere Ausmaße annahm, wurden schließlich zum Quell kollektiver Schuld und Entrüstung. Es gab aber noch andere Ursachen: das Artensterben aufgrund des rapiden Wachstums der Bevölkerung, die den Planeten besiedelte und verschmutzte; die Zerstörung der Wildnis; die Erderwärmung; urbane Neurosen, die zu Abscheu und Angst vor dem Leben in der Stadt führten. All das schürte den weitverbreiteten Glauben, dass das Anthropozän eine falsche Wendung gewesen sei, dass wir uns selbst unseres natürlichen Platzes in der Welt beraubt und aus dem Garten Eden vertrieben hätten.

Abermals fasste William Wordsworth, der größte Kritiker der Anthropozäns, dieses Gefühl des spirituellen Verlustes, der Trennung von der Natur, in Worte:

> Um uns ist zu viel Welt: tagein, tagaus
> Verzehrn wir uns im Raffen und Vergeuden;
> Sehn nichts in der Natur, das unser eigen –
> Das Herz gaben wir fort in schäbigem Tausch!

Weniger gut formuliert, sind solche Empfindungen heute Gemeinplätze. Viele Leute gehen beiläufig davon aus, dass jede von Menschenhand verursachte Veränderung der natürlichen Umgebung etwas Schlechtes ist, und dass die Welt vor dem Anthropozän ökologisch in jeder Hinsicht besser war als die heutige. Tatsächlich ging es bei der Klimakonferenz in Paris 2016 hauptsächlich um den Schaden, den wir dem Erdsystem zugefügt haben, und darum, wie schlimm es kommen wird, wenn wir damit weitermachen.

Ich hege natürlich Sympathien für diejenigen, die den Frieden in der ländlichen Natur dem Getümmel der Stadt vorziehen. Ich selbst halte es genauso. Wir sollten uns darüber im Klaren sein, wie es dazu kam. Ich weiß, dass es haarsträubend ist, die Umweltverschmutzung für etwas Gutes zu halten, aber auf die Dauer eines Menschenlebens hin gesehen, war Südengland während unserer kurzen zwischeneiszeitlichen Periode ein erstaunlich hübscher Flecken Erde und ist es bis zu einem gewissen Grad noch heute. Aber auch das ist eine Folge der Umweltverschmutzung. In Warmzeiten steigt die Kohlendioxidkonzentration in der Atmosphäre, und das ist es, was das milde, gemäßigte Klima meiner Heimat herbeiführte.

Wenn wir das vorindustrielle Klima als günstige Folge von gaianischem Geoengineering betrachten, dann erscheint es als erstrebenswerter Zustand, zu dem man zurückkehren möchte. Aber ich denke nicht, dass die Warmzeit den von Gaia bevorzugten Zustand darstellt. Für mich legt der Eiskernbericht (die Hinweise, die wir durch Bohrungen in alten Eisschichten erhalten) nahe, dass der Planet wahrscheinlich einen Zustand fortdauernder Vergletscherung bevorzugt. Um es geradeheraus zu sagen, Gaia mag es lieber kalt. Eine kühle Erde trägt mehr

Leben – 70 Prozent der Oberfläche besteht aus Ozeanen, und wenn die Temperatur über 15°C steigt, dann sind diese nahezu leblos.

Wenn man die Temperatur gegen die Zeit aufträgt, dann ergibt das ein ziemlich traurig aussehendes Sägezahndiagramm mit seinen Oszillationen zwischen Warm- und Kaltzeiten. Es vermittelt den Eindruck, als versuche das gesamte System sich abzukühlen, so kalt wie möglich zu werden – und als scheitere es daran. Aber es bemüht sich weiter.

Obwohl ich also glaube, dass wir tun sollten, was wir können, um den Planeten kühl zu halten, müssen wir uns in Erinnerung rufen, dass die Reduktion der Kohlendioxidkonzentration auf 180 Teile pro Million, wie manche das empfohlen haben, nicht zu einem vorindustriellen Paradies, sondern zu einer neuen Eiszeit führen könnte. Ist es das, was man will? Es gäbe dann in den nördlichen und südlichen gemäßigten Regionen wenig oder keine Artenvielfalt, und unsere derzeitigen Zivilisationen würden unter drei oder mehr Kilometer dicken Eisschilden wohl kaum gedeihen.

Das Gefühl von Schuld und Frevel angesichts dessen, was wir angerichtet haben, hat eine lange Geschichte. Es begann mit dem jüdisch-christlichen Konzept der Erbsünde, der Vorstellung, dass die Menschen unvollkommen geboren sind, dass wir in Ungnade gefallen sind. Und es ist wichtig anzumerken, dass unser Fall *aufgrund unseres Wissens* geschah.

Die Geschichte von Adam und Eva hat das nachdrücklich gezeigt, vor allem ihre Bestrafung – die Vertreibung aus einem Garten. Das inspirierte Geistliche aller Konfessionen, vor ewigen Qualen als Strafe für unsere angeborene Sündhaftigkeit zu warnen. Diese Warnungen prägten natürlich meine Kindheit.

Was für eine Befreiung war es, als die primitive Religion sich in liberale Politik und Sozialismus verwandelte. Es war viel aufregender, dem Tod auf den Barrikaden ins Auge zu sehen, als dem ewigen Feuer, das endlos weiterbrennt. Es wird noch interessant werden, zu verfolgen, ob der Umweltschutz mit seinen milderen Sanktionen die Gewalt sozialer Konflikte verdrängen kann.

12

Die Hitzebedrohung

—

Trotz all unserer Errungenschaften und Gaias schützenden Kontrollsystems stellt die Hitze für uns noch immer eine Bedrohung da. Sie werden annehmen, dass ich damit die globale Erwärmung meine, und teilweise tue ich das auch. Zunächst dachte ich, dass die durch Kohlendioxidemissionen verursachte Erderwärmung den Menschen bald zum Verhängnis werden und Gaia uns als lästige und zerstörerische Spezies einfach wegfegen würde. Später dachte ich, wir könnten den Temperaturanstieg in nächster Zukunft in den Griff bekommen und sollten die Erwärmung nicht mehr als unmittelbare existentielle Bedrohung ansehen. Heute jedoch bin ich überzeugt davon, dass wir alles tun sollten, was wir können, um den Planeten zu kühlen. Ich kann nicht stark genug betonen, dass die größte Bedrohung für das Leben auf der Erde die Überhitzung ist.

Mir geht es darum, dass die Erderwärmung natürlich real ist, aber dass die Folgen, die derzeit von Wissenschaftlern, Politikern und Grünen vorausgesagt werden, nicht unbedingt die sind, die wir am meisten fürchten sollten. Die globale Erwärmung ist ein langsamer Prozess, und ihre schlimmsten Auswirkungen werden sich durch höchst unangenehme Ereignisse bemerkbar machen. Das extreme Wetter, das wir unlängst erlebt haben, ist nur ein mildes Vorzeichen dessen, was auf uns zukommen könnte. Aber ich denke, wir haben noch Zeit, Zeit, die wir darauf verwenden sollten, den Planeten zu kühlen, um ihn widerstandsfähiger zu machen.

Ich sage das, weil die Erde, wie auch ich, sehr alt ist. Ein hohes Alter kann Weisheit mit sich bringen oder auch nicht, aber es bringt mit Sicherheit Gebrechlichkeit. Ich bin 99 Jahre alt, während ich das hier schreibe. Hamlet haderte mit den «Plagen, wovon unser Fleisch Erbe ist», aber er war ein junger Mann, der an übertriebener Selbstbeobachtung zugrunde ging; hätte er weitergelebt, dann hätte er herausgefunden, dass die Plagen jungen Fleisches nichts sind verglichen mit denen, die älteres Fleisch erdulden muss.

Wie Menschen werden auch Planeten mit dem Alter gebrechlich. Wenn alles gut geht, dann können Gaia und ich eine produktive und angenehme Zeit des Niederganges erwarten – aber Menschen können tödliche Unfälle haben, und Planeten ebenso. Unsere persönliche Resilienz hängt von unserem Gesundheitszustand ab. Wenn wir jung sind, können wir Grippe oder Autounfälle oft überleben, aber nicht, wenn wir fast 100 Jahre alt sind. Ebenso konnten die Erde und Gaia in ihrer Jugend Erschütterungen wie Supervulkaneruptionen oder Asteroideneinschläge überstehen; im Alter könnte das eine wie das andere den gesamten Planeten entvölkern. Eine warme Erde ist eine verwundbarere Erde.

Wir wissen, dass die Erde in ihrer langen Vergangenheit nahezu tödliche Katastrophen überdauert hat. Es gibt mittlerweile eine große Menge an Beweisen für den Einschlag eines Gesteinsbrockens von fast einem Kilometer Durchmesser im Südpazifik vor etwa zwei Millionen Jahren. Die Folgen scheinen verheerend gewesen zu sein, aber interessanterweise gibt es fast keinen Hinweis auf eine nachhaltige Schädigung der Biosphäre. Jüngste Forschungen legen jedoch nahe, dass das Risiko steigt. Wissenschaftler, die Einschlagkrater auf dem Mond untersuchen, stellten fest, dass die Zahl der Asteroideneinschläge in den letzten 290 Millionen Jahren stark angestiegen ist. Erstaunlicherweise ist es heute für uns dreimal wahrscheinlicher, einen Einschlag zu erleben, als es das damals für die Dinosaurier war; sie hatten nur einfach sehr viel Pech.

Gaia konnte mit so etwas in der Vergangenheit spielend fertigwerden, aber kann sie das heute noch? Sie kämpft in den Pausen zwischen den Einschlägen bereits darum, die Homöostase – einen stabilen dynamischen Zustand – aufrechtzuerhalten. Heute könnte ein Asteroidenaufprall oder ein Vulkanausbruch große Teile des organischen Lebens auf der Erde zerstören. Die wenigen Überlebenden wären vermutlich nicht in der Lage, Gaia wiederherzustellen; unser Planet würde schnell zu heiß für Leben werden.

Es gibt also neben den klimatischen Folgen der Erderwärmung noch andere Probleme, die ernster sind, als wir uns das klarmachen – Unfälle, auf die wir uns nicht vorbereiten oder dies auch nicht können. Die Erde kühl zu halten ist eine notwendige Sicherheitsmaßnahme für einen betagten Planeten, der um einen Stern mittleren Alters kreist.

Hitze ist der Grund, warum wir unseren Planeten gut im Auge behalten müssen und weniger über den Mars nachdenken sollten. Während die großartigen Mars-Rover der NASA weiterhin Informationen zusammentragen, wissen wir, relativ gesehen, immer weniger über unsere eigenen Ozeane. Nicht eine Sekunde lang möchte ich behaupten, dass die Erkundungen der NASA nicht lohnenswert waren, aber warum haben wir so wenig unternommen, um Wissen über unseren eigenen Planeten zu sammeln? Unser Leben könnte davon abhängen, ihn richtig zu verstehen.

Als die Astronauten uns 1969 die Schönheit unseres Planeten, vom Weltraum aus gesehen, präsentierten, waren wir sprachlos. Es musste erst der Science-Fiction-Autor und Erfinder Arthur C. Clarke kommen, um festzustellen, wie falsch es war, diesen Planeten Erde zu nennen, da er doch ganz offensichtlich aus Meer besteht. Auch wenn das 50 Jahre her ist, dringt diese Entdeckung, dass wir auf einem Ozeanplaneten leben, erst jetzt ganz langsam in die angestaubte Wissenschaft der Geologie vor. Es ist beschämend, dass wir viel mehr über die Oberfläche des Mars und seine Atmosphäre als über manche Teile unseres Ozeans wissen.

Es ist außerdem riskant. Nach der Sonne steuert in erster Linie das Meer unser Wetter. Es ist für unser Überleben unerlässlich, dass das Meer kühl gehalten wird. Das ist leicht zu verstehen, wenn wir einfach nur einen ganz normalen Urlaub machen. Wir finden dort einen heißen Sandstrand, auf dem das klare Wasser ausläuft. Dieses Wasser ist verführerisch, aber es ist eine Todeszone. Sobald die Oberflächentemperatur des Ozeans über 15°C ansteigt, wird der Ozean zu einer Wüste, in der es weniger Leben gibt als in der Sahara. Das ist so, weil die Nährstoffe an der Oberfläche des Ozeans bei Temperaturen über etwa 15°C schnell verzehrt werden und die Leichen und Abfälle in die Regionen darunter absinken. Es gibt reichlich Nahrung in den tieferen Wasserschichten, aber sie kann nicht an die Oberfläche gelangen, weil das kühlere tiefere Meereswasser dichter ist als das Oberflächenwasser. Dieses Fehlen von Leben in wärmeren Wassern erklärt, warum sie so oft klar und blau sind.

Das ist wichtig, denn wie die Fotografien aus dem Weltall so dramatisch zeigen, ist die Erde ein Wasserplanet, dessen Oberfläche fast zu drei Vierteln von Ozeanen bedeckt ist. Das Leben an Land hängt von der Versorgung mit bestimmten wesentlichen Elementen wie Schwefel, Selen, Jod und weiteren ab. Gegenwärtig werden diese von der Meeresoberfläche als Gase wie Dimethylsulfid und Jodmethan abgesondert. Der Verlust des Lebens im Oberflächenwasser der Meere aufgrund ihrer Erwärmung wäre katastrophal. Kaltes Wasser (unter 15°C) ist dichter als Wasser, das über 15°C warm ist. Deshalb können die Nährstoffe des kalten Wassers nicht mehr an die Oberfläche gelangen.

Eine noch ernstere Gefahr für das Leben würde entstehen, wenn die Oberflächentemperatur des Meeres den Bereich von 40°C erreichen würde. An diesem Punkt würde aufgrund des Wasserdampfes ein unkontrollierbarer Treibhauseffekt einsetzen. Wie CO_2 absorbiert Wasserdampf, der sich in der Atmosphäre befindet, emittierte Infrarotstrahlung und verhindert so, dass die Erde sich durch das Abstrahlen von Hitze kühlt. Ein hoher Gehalt an Wasserdampf in der Atmosphäre verursacht Erwärmung, und so entsteht eine Rückkopplungsschleife, da sich der Wassergehalt der Atmosphäre wieder durch das verdampfende Meerwasser erhöht.

In Diskussionen über globale Erwärmung wird die Rolle des Wasserdampfes selten erwähnt. Wenn wir durch die Verbrennung fossiler Energien Kohlendioxid in die Luft pusten, dann bleibt es dort, bis es, zum Beispiel durch die Blätter eines Baumes, beseitigt wird. Das Verbrennen fossiler Energien setzt auch Wasserdampf frei, der, anders als Kohlendioxid, nur in der Luft bleibt, wenn diese warm genug ist. An einem kalten Wintertag kondensiert selbst Ihr Atem zu einer Dunstwolke. Das Maß an Wasserdampf in der Luft folgt schlichtweg der Temperatur. Wenn Wasser zu Nebel oder Wolkentröpfchen kondensiert, dann kann es keinen Treibhauseffekt mehr auslösen. Unter Umständen, etwa wenn Wolkenschichten nahe der Meeresoberfläche auftreten, hat deren Präsenz eine kühlende Wirkung, da das Sonnenlicht zurück in den Weltraum geworfen wird. Zirruswolken hoch in der Atmosphäre hingegen haben einen Erwärmungseffekt. Das Vorhandensein von Wasserdampf in der Luft macht die Klimavorhersage zu einer komplizierten Angelegenheit, und es ist verständlich, dass die Prognostiker manchmal Fehler machen.

Wir können die natürlichen Prozesse, die den Wasserdampfgehalt der Luft regulieren, unterstützen, indem wir es vermeiden, fossile Brennstoffe gleich welcher Art zu verwenden. Generell bin ich entschieden der Ansicht, dass unser Energiebedarf als praktisches Problem der Technik und Wirtschaft – und nicht der Politik – behandelt werden sollte. Und ich bin ebenso entschieden der Meinung, dass die beste Möglichkeit, diesen Bedarf zu decken, die Kernspaltung ist oder, wenn sie kostengünstig und leicht verfügbar wird, die Kernfusion – der Prozess, der auch die Sonne am Brennen hält. Es gibt ein weiteres Temperaturlimit, das wir genau im Auge behalten sollten. Vielleicht ist Ihnen diese verhängnisvolle Zahl aufgefallen, die auf den Weltwetterkarten während des verrückt heißen Sommers von 2018 auftauchte. Sie lautete 47°C. Das ist für Menschen eine gerade noch erträgliche Temperatur – fragen Sie die Leute in Bagdad – aber sie ist nah an unserem Limit. Während des australischen Sommers im Januar 2019 gab es fünf Tage, an denen die Durchschnittstemperatur über 40°C lag – Port Augusta erreichte sogar 49,5°C.

In den 1940er Jahren bestimmten mein Kollege Owen Lidwell und ich im Rahmen unserer Kriegsarbeit in einer Versuchsreihe die Temperatur, bei der Hautzellen durch Hitze irreparabel geschädigt werden. Das bedeutete, die Haut von betäubten Kaninchen zu verbrennen. Ich empfand diese Aufgabe als äußerst abstoßend, und deshalb beschlossen wir, uns stattdessen selbst zu verbrennen. Wir benutzten dazu eine große flache Flamme brennenden Benzoldampfes. Wie Sie sich vorstellen können, war das überaus schmerzhaft. Der Kontakt mit einem Kupferstab von einem Zentimeter Durchmesser, der auf 50°C erhitzt wurde, verursachte innerhalb einer Minute eine Verbrennung ersten Grades. Höhere Temperaturen erzeugten schneller Verbrennungen; bei 60°C dauerte es nur eine Sekunde. Bei Temperaturen unter 50°C gab es nach fünf Minuten keine Verbrennung. Menschliche Hautzellen sind in ihrer Reaktion auf hohe Temperaturen exemplarisch für das durchschnittliche Leben. Es ist richtig, dass einige hochspezialisierte Lebensformen, sogenannte Extremophile, bei Temperaturen von etwa 120°C überleben können, aber ihre Fähigkeiten und ihre Wachstumsrate sind minimal, verglichen mit dem regulären Leben.

(Im Übrigen wurden wir vom Institutsarzt Dr. Hawking beobachtet und betreut, als wir uns selbst verbrannten. Er war regelrecht fasziniert von unserer Fähigkeit, Schmerz auszuhalten, und lud mich ein, mit ihm und seiner Familie bei ihnen zuhause in Hampstead zu Abend zu essen. Im Laufe des Abends fragte mich seine Frau, ebenfalls Wissenschaftlerin des Instituts, ob ich ihr neugeborenes Baby halten würde, während sie einige etwas aufwendigere Vorbereitungen für das Abendessen treffen wollte. Da ich damals selbst schon zwei Kinder hatte, tat ich das sehr gerne, und so hielt ich für kurze Zeit Stephen Hawking im Arm.)

Hohe Temperaturen machen uns verletzlich. Wir befinden uns derzeit in einer Warmzeit des glazialen Zyklus, und wenn wir jetzt eine Katastrophe – einen Asteroideneinschlag oder eine Supervulkan-Eruption – erleben würden, die dazu führte, dass Kohlendioxid nicht mehr abgebaut werden könnte, dann wären wir möglicherweise in Lebensgefahr. Die Durchschnittstemperatur der Erde könnte auf 47°C ansteigen, und wir würden relativ schnell in eine irreversible Phase eintreten, die zu venusähnlichen Verhältnissen führen würde. Wie der Klimaforscher James Hansen es anschaulich formuliert: Wenn wir nicht aufpassen, dann finden wir uns an Bord des Venus-Express wieder.

Auf dem Weg zu diesem sterilen Zustand würde die Erde vermutlich eine Periode durchlaufen, in der die Atmosphäre an der Oberfläche aus überkritischem Dampf bestünde. Der überkritische Zustand ist merkwürdig: Er ist weder gasförmig noch flüssig. Er teilt mit Flüssigkeiten die Fähigkeit, feste Stoffe aufzulösen, aber wie ein Gas hat er keine Grenze. Selbst Gestein löst sich in überkritischem Dampf auf, und aus der Lösung kristallisieren Quarz und sogar Edelsteine wie Saphire aus, wenn sie abkühlt.

Würde die Erde so heiß werden, dass der Ozean den superkritischen Zustand erreicht, dann würden sich Gesteine wie Basalt auflösen und den Wasserstoff des Wassers als Gas freisetzen. Bereits lange zuvor wäre der Luftsauerstoff verschwunden, und in dieser sauerstofffreien Atmosphäre würde sich der Wasserstoff ins All verflüchtigen, da die Erdanziehung Wasserstoffatome nicht halten kann. Tatsächlich würde sich Wasserstoff auch heute davonmachen, wäre da nicht der Sauerstoff, die Atome, die wie Wächter agieren und Wasserstoffatome bei ihren Fluchtversuchen fangen.

47°C stellt also auf einem Ozeanplaneten wie der Erde die Grenze für jede Art von Leben dar. Ist diese Temperatur erst einmal überschritten, dann würde selbst siliziumbasierte Intelligenz unmöglichen Umweltbedingungen gegenüberstehen. Es könnte sogar sein, dass der Grund des Ozeans in einen überkritischen Zustand eintritt, und an Orten, an denen Magma austritt, gäbe es in diesem Stadium keine Trennung zwischen Gestein und Wasserdampf mehr.

Wir sollten staunen und dankbar sein für die bemerkenswerte Leistung des Gaia-Systems, den Kohlendioxidspiegel auf den niedrigen Wert von 180 Teilen pro Million abzusenken, der Spiegel, der vor 18 000 Jahren erreicht wurde. Er liegt heute bei 400 Teilen pro Million und steigt weiter. Für diesen Anstieg ist die Verbrennung fossiler Energieträger etwa zur Hälfte verantwortlich.

Vergessen Sie nicht, dass Kohlendioxid ohne Leben viel reichlicher vorhanden gewesen wäre als heute. Wenn Sie wissen wollen, wo das Leben das Kohlendioxid hingeschafft hat, dann besuchen Sie einen typischen Kreidefelsen wie den bei Beachy Head in Sussex. Wenn Sie die Kreide unter einem Mikroskop betrachten, dann werden Sie feststellen, dass sie aus dicht zusammengepressten Kalziumkarbonatschalen besteht. Das sind die Skelette von Cocolithophoriden, die einst nahe der Meeresoberfläche gelebt haben. Und in größeren Mengen bilden sie die Schichten von Kalkstein, der überall auf der Erdoberfläche zu finden ist. Wenn diese Speicher biogenen Kohlendioxids in geologisch relativ neuer Zeit als Gas wieder in die Atmosphäre abgegeben worden wären, dann wären wir – genau wie die Venus – ein heißer toter Planet.

Allerdings ist es sehr unwahrscheinlich, dass die gesamte Erdoberfläche in absehbarer Zukunft nahezu 47°C erreichen wird. Die derzeitige Durchschnittstemperatur liegt bei etwa 15°C. Aber es ist denkbar, dass durch verstärkende Effekte wie vor allem das Abschmelzen der polaren Eiskappen und die Methanfreisetzung aus tauenden Permafrostböden eine globale Temperatur von sagen wir 30°C ein Kipppunkt sein könnte, ab dem sich die Erderwärmung womöglich weiter beschleunigt.

Wie so oft in der Klimaforschung wissen wir es einfach nicht.

Klar ist aber, dass wir – was die meisten Menschen fast ständig tun – nicht einfach annehmen sollten, dass die Erde ein stabiler und dauerhafter Platz ist, mit Temperaturen, die immer in einem Bereich bleiben, in dem wir sicher überleben können. Etwa vor 55 Millionen Jahren fand zum Beispiel ein Ereignis statt, das als Paläozän/Eozän-Temperaturmaximum bekannt ist. Es handelte sich um eine Periode der Erwärmung, in der die Temperaturen bis auf etwa 5 Grad über das jetzige Level anstiegen. Tiere wie Krokodile lebten in den heutigen Polarmeeren, und die gesamte Erde war ein tropischer Ort. Eine Zeitlang dachte ich, wenn ein solcher Temperaturanstieg zu überstehen ist, warum beunruhigen uns dann die nur 2 Grad Erwärmung, die wir laut den Klimaforschern um jeden Preis verhindern müssen? Überdies genießen die Menschen an Orten wie Singapur ihr Leben bei Temperaturen, die sich ganzjährig mehr als

12 Grad über dem Durchschnitt befinden. Aber ich lag leider falsch.

Ich habe über die Folgen von Asteroideneinschlägen und anderen Unfällen nachgedacht, wodurch ich begriffen habe, warum die Erde kühl bleiben muss. Ja, ein Temperaturanstieg von 5 oder 10 Grad ist vermutlich zu überleben, aber nicht, wenn das System außer Gefecht gesetzt wird, wie das der Fall wäre bei einem so schweren Asteroidenaufprall wie jenem, den man heute für die permische Auslöschung verantwortlich macht. Das könnte ebenso durch einen der verheerenden Vulkanausbrüche geschehen, wie sie in der Vergangenheit bereits stattgefunden haben. Heute denke ich also, dass unsere derzeitigen Bemühungen, die bloße globale Erwärmung zu bekämpfen, lebensnotwendig sind. Wir müssen die Erde so kühl wie möglich halten, um zu erreichen, dass sie bei Unfällen, die Gaias Kühlmechanismus lähmen könnten, weniger verwundbar ist.

13

Gut oder schlecht?

—

Es gibt heute eine heftige Debatte darüber, ob das Anthropozän gut oder schlecht gewesen ist. Wie ich gezeigt habe, sind die Argumente dafür, dass es etwas Schlechtes ist, stark – Erwärmung und daher Schwächung des Planeten, tödlichere und zerstörerischere Kriegsführung, Artensterben und so weiter. Vieles davon kann dem beängstigend schnellen Bevölkerungswachstum zugeschrieben werden. Als Newcomen seine erste Dampfmaschine baute, umfasste die Weltbevölkerung 700 Millionen Menschen. Heute sind es 7,7 Milliarden, über 10-mal mehr, und man vermutet, dass es bis 2050 fast 10 Milliarden sein werden.

Aber man könnte auch sagen, mehr Menschen und mehr menschliches Gedeihen sind etwas Gutes, und vielleicht ist das auch so. Der Umweltschützer Mark Lynas argumentierte, dass Jäger und Sammler 10 Quadratkilometer Land für jeden Menschen brauchten; heute versorgt jeder Quadratkilometer Englands 400 Menschen. Wenn die englische Bevölkerung wieder zu Jägern und Sammlern werden müsste, dann würde sie das 20-Fache der Landesfläche von Nordamerika benötigen. Lynas' Aspekt ist dennoch nicht negativ. Er glaubt, dass sich das Anthropozän als eine wundervolle Ära für die Menschheit erweisen könnte. «Als Forscher, Wissenschaftler, Aktivisten und Bürger», so lautet sein Ökomodernes Manifest, «schreiben wir mit der Überzeugung, dass Wissen und Technologie, weise angewandt, ein gutes, wenn nicht sogar großartiges Anthropozän ermöglichen können. Ein gutes Anthropozän verlangt, dass die Menschen ihre wachsenden sozialen, wirtschaftlichen und technologischen Kräfte dazu verwenden, das Leben der Menschen zu verbessern, das Klima zu stabilisieren und die Natur zu schützen.»

Das sei aberwitzig, sagen diejenigen, die das Anthropozän für schlecht halten. Sie betrachten den Ökomodernismus als humanistischen Aberglauben. Sie behaupten, dass es, wie die Religionen der Vergangenheit, eine Methode sei, die Menschen ruhig zu stellen, sie davon abzuhalten, aktiv zu werden und den Planeten vor dem Amoklauf des globalen Kapitalismus zu schützen. «Die Opfer, die geneigt sind, gegen das System zu protestieren», so schreibt Clive Hamilton, ein australischer Professor für allgemeine Ethik, in *The Theodicy of the «Good Anthropocene»* (2016), «lullt das goldene Versprechen einer neuen Morgenröte ein und macht sie zu stillen Duldern. Die Botschaft vom guten Anthropozän an jene, die jetzt und in Zukunft unter menschengemachten Dürren, Überschwemmungen und Hitzewellen leiden, lautet: Ihr leidet für das übergeordnete Wohl; wir werden helfen, euer Leid zu erleichtern, wenn wir können, aber es ist gerechtfertigt.»

In dieser Interpretation wird der Ökomodernismus zum Argument, die Existenz des Bösen in einer Welt zu erklären, die von einem guten Gott geschaffen wurde. In diesem Fall ist Gott der Fortschritt, und die Übel sind Armut und Leid, die auf der Welt existieren, bis genügend Fortschritt erzielt wurde. Wie die

Religionsanhänger mehr Gott in unserem Leben fordern, treten die Ökomodernisten für mehr Fortschritt ein.

Diese Argumente sind an sich interessant, aber Hamiltons Rhetorik macht deutlich, wie sehr sie von Politik durchtränkt sind. Für Hamilton und viele andere tun die Ökomodernisten die Drecksarbeit des globalen Kapitalismus; für Lynas und andere, die an das gute Anthropozän glauben, sind ihre Gegner wie die Ludditen des frühen 19. Jahrhunderts, die Maschinen zerstörten, um sie daran zu hindern, ihnen die Arbeit wegzunehmen.

Dies ist die einfache Zusammenfassung eines komplexen Streits, der viele Nuancen hat – die Gegner lehnen den Fortschritt nicht komplett ab, und die Befürworter räumen ein, dass es auf dem Weg zum guten Anthropozän Risiken gibt –, aber im Großen und Ganzen kann man die Debatte so umreißen. Es ist ein Argumentationsstrang, in dem ich mich den Ökomodernisten wesentlich näher fühle als ihren Gegnern.

Das erste Problem mit den Gegnern ist, dass sie sich auf eine Anschauung stützen, die auch religiöse Untertöne hat. Ihre Sehnsucht nach einer besseren Zeit vor dem Anthropozän ist eine Fantasie, erstens weil es kein goldenes Zeitalter, frei von Mangel und Leiden, gegeben hat und zweitens weil man, um zu dieser Zeit zurückzugelangen, alle unübersehbaren Vorteile der Moderne zunichtemachen müsste. All das ist in die Politik verwickelt, und so wie sich Teile des Christentums zum Sozialismus wandelten, neigt die linke Politik heute dazu, eine grüne Religion zu werden. Fakten durch Glauben zu ersetzen wird die Bedrohung durch Umweltkatastrophen nicht beseitigen.

Aber was sind die Fakten? Zum einen müssen wir das Anthropozän als eine Periode betrachten, in der die Menschen die

Macht haben, global bedeutsame Entscheidungen zu treffen – der Gebrauch von FCKW war eine solche, ebenso wie dessen Verbot. Diese Entscheidungen können starrsinnig sein und führen mitunter zu unerwarteten Ergebnissen, aber der springende Punkt ist, dass wir die Macht haben, sie zu treffen.

Zum anderen müssen wir uns von der politisch und psychologisch aufgeladenen Vorstellung verabschieden, dass das Anthropozän ein großes Verbrechen gegen die Natur ist. Diese Vorstellung ist insofern verständlich, als weder Newcomens Maschine noch ein Atomkraftwerk wie ein Zebra oder eine Eiche aussehen oder sich wie sie verhalten; sie erscheinen in jeder Hinsicht komplett unterschiedlich. Die Wahrheit ist nichtsdestotrotz, dass das Anthropozän, auch wenn es mit mechanischen Dingen assoziiert wird, eine Folge des Lebens auf der Erde ist. Es ist ein Produkt der Evolution, ein Ausdruck der Natur. Evolution durch natürliche Selektion wird oft so erklärt: «Der Organismus, der die meisten Nachkommen hinterlässt, wird ausgewählt.» Die Dampfmaschine war sicherlich produktiv, und ebenso waren es ihre Nachfolger, die sich durch Verbesserungen von Erfindern wie James Watt rasch weiterentwickelten. Der Prozess schritt weiter fort, wurde zur Industriellen Revolution und bescherte uns ein Jahrhundert technischen und wissenschaftlichen Ruhms.

Natürlich schuf das Anthropozän mit seinem technischen Fortschritt eine grausame Konkurrenz für all jene, die ihren Lebensunterhalt allein durch den Verkauf ihrer körperlichen Arbeit bestreiten konnten. Und natürlich ist es wahr, dass unsere heutige Zivilisation umweltschädigende Entscheidungen getroffen hat. Aber ich glaube, dass sich die Erde wie ein lebendes physiologisches System verhält, und in solchen Systemen haben

Verbesserungen oftmals Kehrseiten. Wir haben an der Umwelt unseres Planeten während der letzten 300 Jahre enorme Veränderungen vorgenommen. Einige davon – wie die achtlose Zerstörung von natürlichen Ökosystemen – sind ganz sicher schlecht. Aber was ist mit dem massiven Anstieg der Lebenserwartung, der Verringerung der Armut, der Verbreitung von Bildung für alle und der Erleichterung unseres Lebens, nicht zuletzt durch die umfassende Verfügbarkeit von elektrischer Energie, dank des Erfindergenies Michael Faraday? Die meisten von uns halten heute IT, Flugreisen und das Geschenk der modernen Medizin für selbstverständlich. Aber denken wir 100 Jahre zurück, bis zu der Zeit, in der ich geboren wurde, am Ende des Ersten Weltkriegs. Damals gab es (außer für die Reichen) kein elektrisches Licht, keine Autos oder Telefone, kein Radio oder Fernsehen und keine Antibiotika. Es gab Schellackplatten, die man auf Aufziehgrammophonen abspielte, mit Schalltrichtern als Lautsprecher, aber das war alles. Es ist gut und schön, sich nach einem Leben auf dem Land zwischen Bäumen und Wiesen zu sehnen, aber das sollte nicht die Ablehnung von Krankenhäusern, Schulen und Waschmaschinen zur Folge haben, die unser Leben so viel besser gemacht haben.

Hier sind also einige spätanthropozäne Gedanken über gegenwärtige Umweltthemen, unter Berücksichtigung der Anforderungen, die Gaia an uns stellt.

Die Fehler, die die Grünen machen, erwachsen aus ihren politisch motivierten Vereinfachungen, die alle guten Dinge, die uns das Anthropozän gebracht hat, scheinbar ablehnen. Wir dürfen nie vergessen, dass es sich bei Gaia immer um Beschränkungen und Auswirkungen dreht. Das war vor allem bei der Geschichte des FCKW der Fall. Die Grünen sagten, man müsse es verbieten, *bevor* irgendein Ersatz verfügbar war. Das hätte bedeutet, dass es keine Kühlschränke mehr gegeben hätte.

Einen ähnlichen Alles-oder-nichts-Ansatz verfolgt man auch in der derzeitigen Kampagne gegen Plastik. Es handelt sich dabei in erster Linie um widerstandsfähige, leichte, transparente und elektrisch isolierende Materialien. Die meisten von ihnen bestehen aus den Kohlenstoffverbindungen, die die Nebenprodukte der Mineralölindustrie sind. Ohne diese oder Materialien mit ähnlichen Eigenschaften wäre die moderne Zivilisation schwieriger und sehr viel teurer. Plastik ist die Basis von Dingen wie optischen Linsen für Brillen, Fenstern und tatsächlich von allem, das durchsichtig oder elektrisch isolierend sein muss. Es hat außerdem herausragende mechanische Eigenschaften, die Metall oder Keramik nicht haben, wie etwa hohe Elastizität.

Der wahre ökologische Einwand ist nicht das Plastik selbst, sondern unser Versäumnis, seinen Gebrauch als Wegwerfverpackungsmaterial zu regulieren. Also sollte man seine Verwendung einschränken, aber gleichzeitig dürfte es sich nicht schwierig gestalten, seinen automatischen Abbau in Wasser und Kohlendioxid zu beschleunigen – wir sollten an solchen Technologien arbeiten. Die Grünen jedoch scheinen in ihrem Widerstand gegen das Plastik nicht an Versuchen interessiert zu sein, seine schädlichen Eigenschaften zu verändern oder zu beseitigen.

Ein schwerwiegenderer Einwand, den wir alle teilen, ist, dass es uns nicht gelingt, einen Ersatz für Verpackungen zu finden, der breitflächig eingesetzt werden kann. Aber es lohnt sich, darauf hinzuweisen, dass es für die Umwelt von Vorteil wäre, wenn wir Plastik zu Treibstoff verbrennen, anstatt es auf Müllhalden zu deponieren, denn es zerfällt nicht ohne weiteres und setzt das tödliche Treibhausgas Methan frei – was beim Zerfall von Holz oder Papier nicht passiert.

Der Einsatz von Kohlenstoffverbindungen wie Benzin oder Diesel als Treibstoff ist absolut nicht erstrebenswert, denn er beschleunigt die Aufheizung der Erdatmosphäre. Man macht damit trotzdem weiter, weil die politische Macht in den Händen derer liegt, die die Mineralölvorkommen besitzen. Die Verbrennung dieser Kraftstoffe sollte so schnell wie möglich gestoppt werden.

Ich denke, Renaturierung und Aufforstung sind wertvoll, aber sollten auf natürliche Weise geschehen. Ich weiß aus meiner persönlichen Erfahrung, dass das Anpflanzen von Wäldern kein Äquivalent ist und sogar schädlich sein kann.

Was die Energiegewinnung angeht, so glaube ich, wie ich bereits gesagt habe, dass Wind- und Solarenergie kein Ersatz sind für Atomenergie, die in effizienten und ausgereiften Kraftwerken produziert wird.

Solche Ansätze sollten die härteren Kritiker unseres Zeitalters milde stimmen und den Ausschlag für ein gutes Anthropozän geben.

14

Ein Freudenschrei

—

Mein letztes Wort zum Anthropozän ist also ein Freuden-
schrei – Freude angesichts der ungeheuren Erweiterung unseres
Wissens über die Welt und den Kosmos, die dieses Zeitalter
hervorgebracht hat. Es ist großartig, in einer Zeit zu leben, in
der es möglich war, ein Bewusstsein für Gaia zu entwickeln,
und ich bin privilegiert, in einem Rausch aus wissenschaftli-
chem Forscherdrang und technischer Unternehmungslust gelebt zu haben.

All dies führte zu einem durchweg friedlichen Resultat: dem
ganzheitlichen Verständnis der Erde und ihres Platzes in der natürlichen Umgebung des Sonnensystems. Die Erweiterung des
Wissens über unseren Planeten durch den zusätzlichen Betrach-
tungswinkel aus dem All trug maßgeblich dazu bei, dass wir begannen, über die schädlichen Folgen des Klimawandels nachzudenken, vor allem über die Veränderungen, die der ständig
zunehmenden Verschmutzung von Oberfläche und Atmosphäre
der Erde geschuldet sind.

Das Anthropozän hat, vor allem in seinen späteren Jahren,
auch einen enormen Zuwachs verfügbarer Information produziert. Das ist für jeden, der ein Mobiltelefon benutzt oder eine

Website besucht, offensichtlich. Diese Informationsflut wäre noch vor einigen Jahren unvorstellbar gewesen.

Nachdem das Anthropozän zunächst damit angefangen hat, die Kraft des Sonnenlichtes durch den Abbau von Kohle zu ernten, erntet es heute die gleiche Kraft, nutzt aber seine Energie, um Informationen zu gewinnen und zu speichern. Wie ich bereits erwähnt habe, ist das eine grundlegende Eigenschaft des Universums. Unsere Herrschaft über die Information sollte uns mit Stolz erfüllen, aber wir müssen dieses Geschenk weise einsetzen, um der Evolution allen Lebens auf der Erde bei ihrem Fortbestehen zu helfen, so dass der Planet mit den ständig zunehmenden Gefahren, die uns und Gaia unweigerlich bedrohen, fertigwerden kann. Unter den Milliarden von Spezies, die aus dem Energiefluss der Sonne Nutzen gezogen haben, sind wir allein diejenigen, die sich mit der Fähigkeit entwickelt haben, den Photonenfluss in Informationsbits zu verwandeln und diese so zusammenzufügen, dass die Evolution vorangetrieben wird. Unsere Belohnung ist die Möglichkeit, etwas über das Universum und uns selbst zu verstehen.

Wenn das anthropische kosmologische Prinzip herrscht – wie ich das glaube –, dann scheint das primäre Ziel die Umwandlung aller Materie und Strahlung in Information zu sein. Dank der Wunder des Zeitalters des Feuers haben wir den ersten Schritt getan. Wir stehen nun an einem kritischen Punkt in diesem Prozess, dem Moment, in dem das Anthropozän dem Novozän weicht. Das Schicksal des wissenden Kosmos hängt nun von unserer Reaktion ab.

TEIL DREI

Ins Novozän

—

15

AlphaGo

—

Im Oktober 2015 schlug AlphaGo, ein von Google DeepMind entwickeltes Computerprogramm, einen professionellen Go-Spieler. Zunächst haben Sie vielleicht mit den Schultern gezuckt und gedacht «Na und?». Seit 1997 der IBM-Computer Deep Blue Garry Kasparov, den größten Schachspieler aller Zeiten, schlug, wissen wir, dass Computer diese Art von Denkspielen besser beherrschen als Menschen.

Der erste Grund, warum es nicht richtig wäre, mit den Schultern zu zucken, liegt klar auf der Hand. Go ist ein viel komplexeres Spiel als Schach. Es ist das älteste Brettspiel der Welt und das abstrakteste; es gibt keinen direkten Bezug zu den Konflikten der realen Welt wie beim Schach mit seinen Springern und Bauern. Weiße oder schwarze «Steine» werden auf einem Gitter aus 19 x 19 schwarzen Linien gesetzt mit dem Ziel, so viel Territorium wie möglich einzukreisen.

Aus diesem simplen Format entsteht eine verwirrende Komplexität. Das Spiel hat einen enormen «Verzweigungsfaktor» – die Zahl möglicher Züge, die nach jedem getanen Zug entsteht. Im Schach liegt der Verzweigungsfaktor bei 35; bei Go liegt er bei 250. Das macht es unmöglich, dasselbe Verfahren anzuwenden wie Deep Blue, der mit einer Brute-Force-Methode arbeitete, was bedeutet, dass er ganz einfach mit einer gewaltigen Datenbank früherer Schachspiele gefüttert war. Alles, was der Computer tat, war, einen Katalog zu durchsuchen, der von Menschen erstellt worden war. Er tat das viel schneller als jeder menschliche Spieler, aber um Go zu spielen, bedarf es mehr als dieser eindimensionalen Herangehensweise.

AlphaGo nutzte zwei Systeme – maschinelles Lernen und Baumsuche –, die die von Menschen eingegebenen Daten mit der Fähigkeit der Maschine, sich selbst Dinge beizubringen, kombinierten. Das war ein riesengroßer Schritt nach vorn, aber ein noch größerer folgte. 2017 kündigte DeepMind zwei Nachfolger an: AlphaGo Zero und AlphaZero, von denen keiner menschlichen Input nutzte. Der Computer spielte einfach gegen sich selbst. AlphaZero machte sich binnen 24 Stunden einfach zum übermenschlichen Spieler von Schach, Go und Shogi (auch als japanisches Schach bekannt). Bemerkenswert ist, dass AlphaGo nur 80 000 Aufstellungen pro Sekunde prüfte, wenn er Schach spielte; das beste konventionelle Programm, Stockfish, durchsuchte 70 Millionen. Mit anderen Worten, nutzte er nicht die Brute-Force-Methode, sondern eine KI-Form von Intuition.

Es gibt eine bekannte Theorie, dass ein Mensch 10 000 Stunden braucht, um das Klavierspiel zu beherrschen, Schach oder irgendeine andere hochqualifizierte Fähigkeit zu erlernen. Das mag so sein, aber es ist eine irreführende Vorstellung, denn wenn Sie nicht von Anfang an ein Mozart oder ein Kasparov sind, dann werden Sie nicht einfach durch 10 000 Stunden Üben zu einem solchen werden. Trotzdem hat die Angabe 10 000 Stunden eine gewisse Validität, und das ist natürlich über 400-mal länger als 24 Stunden. AlphaZero ist also mindestens 400-mal so schnell wie ein Mensch, vorausgesetzt dieser schläft nie. Aber eigentlich ist er noch viel schneller, weil er «übermenschliche» Fähigkeiten erlangt hat. Das bedeutet, dass wir nicht einmal genau wissen, wie viel besser als ein Mensch er bei jedem dieser Spiele ist, weil es keine Menschen gibt, gegen die er antreten kann.

16

Das neue Zeitalter entwickeln

—

Dennoch wissen wir, wieviel schneller als ein Mensch eine solche Maschine sein *könnte* – eine Million mal schneller. Das ist einfach so, weil die maximale Übertragungsgeschwindigkeit eines Signals durch einen elektrischen Leiter, einen Kupferdraht, 30 Zentimeter pro Nanosekunde ist und im Vergleich dazu die maximale Reizleitungsgeschwindigkeit entlang eines Neurons nur 30 Zentimeter pro Millisekunde beträgt (eine Millisekunde ist eine Million mal länger als eine Nanosekunde).

Bei allen Tieren werden Befehle, zu denken oder zu handeln, von biochemischen Transmittern über Zellen weitergeleitet, die wir Neuronen nennen. Die Information, die in diesen Anweisungen enthalten ist, muss durch biochemische Prozesse von chemischen in elektronische Signale umgewandelt werden. Das macht den Prozess sehr langsam, verglichen mit den Befehlen eines typischen, von Menschen gebauten Computers, in dem alle Signale rein elektronisch gesendet und empfangen werden. Die Geschwindigkeitsdifferenz ist potentiell eine Million mal größer, da theoretisch die höchste Geschwindigkeit für Elektronen, die sich entlang des Leiters bewegen, die Lichtgeschwindigkeit ist.

In der Praxis ist eine Steigerung um den Faktor eine Million unwahrscheinlich. Der realistische Unterschied zwischen der Denk- und Handlungsgeschwindigkeit von künstlicher Intelligenz und der von Säugetieren liegt bei etwa 10 000-mal. Am anderen Ende der Skala handeln und denken wir etwa 10 000-mal schneller als Pflanzen. Die Erfahrung, ihnen im Garten beim Wachsen zuzusehen, vermittelt Ihnen einen Eindruck davon, wie sich zukünftige KI-Systeme fühlen werden, wenn sie menschliches Leben beobachten.

Wir können diesen Nachteil partiell überwinden durch die massiv parallelen Rechensysteme unseres Gehirns – unsere Fähigkeit, mehrere Prozesse auf einmal zu handhaben. Aber ein intelligenter Cyborg würde sich zweifellos auch weiterentwickeln, indem er seine Parallelverarbeitung verbessert.

AlphaZero erlangte zwei Dinge: Autonomie – es brachte sich selbst etwas bei – und übermenschliche Fähigkeiten. Niemand hatte erwartet, dass das so schnell passieren würde. Das war ein Zeichen, dass wir bereits ins Novozän eingetreten sind. Es ist nun wahrscheinlich, dass eine neue Form von intelligentem Leben aus einem Künstliche Intelligenz (KI)-Vorgänger entstehen wird, den einer von uns gemacht hat, vielleicht aus so etwas wie AlphaZero.

Die Anzeichen für die wachsende Macht von KI sind überall um uns. Wenn Sie News Feeds über Wissenschaft und Technologie lesen, dann werden Sie täglich mit verblüffenden Entwicklungen bombardiert. Hier ist ein Beispiel, das ich gerade erst entdeckt habe. Unter Verwendung von «Deep Learning»-Technologien wie AlphaGo haben Wissenschaftler in Singapur einen Computer entwickelt, der Ihr Herzinfarktrisiko voraussagen kann, indem er Ihnen in die Augen sieht. Und nicht nur das, er kann auch das Geschlecht einer Person erkennen, ebenfalls nur durch einen Blick in deren Augen. Sie könnten fragen, wer braucht eine solche Maschine? Aber der Punkt ist, dass wir nicht wussten, dass so etwas geht. Der Computer beantwortete eine Frage, die wir noch nicht einmal gestellt hatten.

Das mag immer noch weit von einem voll funktionsfähigen Cyborg entfernt sein, aber es war auch ein langer Weg von Newcomens Dampfmaschine zum Automobil. Dieser dauerte fast 200 Jahre. Die Digitaltechnik und das Fortwirken des Mooreschen Gesetzes bedeuten, dass solche großen Schritte in einigen Jahren, dann in einigen Monaten und schließlich in einigen Sekunden getan werden.

Die Evolution wird den Prozess immer noch lenken, aber auf neue Weise. Es waren der Marktwert und die praktische Anwendbarkeit – beides evolutionär vorteilhafte Attribute – von Newcomens Maschine, die das Anthropozän in Gang setzten. Wir befinden uns nun in vergleichbarer Weise auf der Schwelle zum Novozän. Irgendein KI-Apparat wird bald erfunden werden, der das neue Zeitalter schließlich vollends anbrechen lässt.

Tatsächlich sind wir mit gewissen Dingen wie der Allgegenwart von Computern und Mobiltelefonen bereits in einem Stadium, das dem des Anthropozäns im 19. Jahrhundert ähnelt. In den 1900er-Jahren hatten wir durch Verbrennungsmotoren betriebene Autos, erste Flugzeuge, schnelle Züge, Elektrizität in Wohnhäusern, Telefone und sogar Grundelemente digitaler Datenverarbeitung. Ein Jahrhundert später war die Welt durch die explosionsartige Entwicklung dieser Technologien fundamental verändert. Heute, weniger als 20 Jahre danach, ist eine andere Explosion im Gange.

Es ist nicht einfach die Erfindung von Computern, die das

Novozän einläutete. Und ebensowenig war es die Entdeckung, dass Halbleiterkristalle wie Silizium und Galliumarsenid eingesetzt werden können, um aufwendige und komplexe Geräte herzustellen. Weder die Idee der künstlichen Intelligenz noch der Computer selbst waren entscheidend für das Aufkommen dieses neuen Zeitalters. Denken Sie daran, dass der Erfinder Charles Babbage den ersten Computer im frühen 19. Jahrhundert baute, und dass die ersten Programme von Ada Lovelace, der Tochter des Dichters Lord Byron, geschrieben wurden. Als reine Idee ist das Novozän bereits vor 200 Jahren geboren worden.

In Wirklichkeit dreht sich das Novozän, wie das Anthropozän, um technische Wissenschaft und Ingenieurskunst. Der entscheidende Schritt, mit dem das Novozän begann, war, wie ich glaube, der Moment, in dem Computer dazu eingesetzt wurden, sich selbst zu entwerfen und zu erschaffen, so wie Alpha-Zero sich selbst beibrachte, Go zu spielen. Das ist ein Prozess, der aus technischer Notwendigkeit entsteht. Um Ihnen eine Ahnung von den Schwierigkeiten zu vermitteln, denen Erfinder und Hersteller gegenüberstehen: Der Durchmesser des dünnsten Drahtes, den man sehen und verarbeiten kann, beträgt etwa einen Mikrometer – der Durchmesser eines durchschnittlichen Bakteriums. Wenn Sie den neuesten Computer mit einem Intel i7 Prozessor haben, dann beträgt der Durchmesser seiner Drähte ungefähr 14 Nanometer, was 70-mal kleiner ist. Unweigerlich waren die Hersteller, lange bevor man sich diesen winzigen Dimensionen näherte, gezwungen, ihre Computer einzusetzen, um bei der Gestaltung und Produktion der Chips zu helfen. Es ist wichtig zu betonen, dass diese Entwicklung neuer Geräte unter Einsatz von KI sowohl Software als auch Hardware mit einschließt. Wir haben also die Maschinen selbst aufgefordert, neue Maschinen zu machen. Und nun stehen wir da wie die Einwohner eines steinzeitlichen Dorfes, die beim Bau einer Eisenbahnlinie zusehen, die durch das Tal zu ihrem Wohnort führt. Eine neue Welt ist im Bau.

Dieses neue Leben – denn genau das ist es – wird weit über die Autonomie von AlphaZero hinausgehen. Es wird in der Lage sein, sich zu optimieren und zu reproduzieren. Fehler in diesen Prozessen werden korrigiert, sobald sie entdeckt werden. Die natürliche Selektion, wie Darwin sie beschrieb, wird durch eine viel schnellere intentionale Selektion abgelöst werden.

Wir müssen uns also eingestehen, dass uns die Evolution von Cyborgs bald aus der Hand gleiten könnte. Die von der künstlichen Intelligenz hervorgebrachten bequemen, praktischen Geräte, die uns die Plackerei der Hausarbeit, der Buchhaltung und so weiter abnehmen, sind nicht mehr nur ganz einfach die schlauen Entwürfe von Erfindern. In erheblichem Maße entwerfen sie sich selbst. Ich sage das ganz ernsthaft, denn es existiert kein noch so begabter Handwerker, der manuell etwas so Diffiziles und Komplexes herstellen könnte wie den Hauptprozessor Ihres Mobiltelefons.

Lebendige Cyborgs werden aus dem Schoß des Anthropozäns hervorkommen. Wir können fast sicher sein, dass eine elektronische Lebensform wie ein Cyborg niemals zufällig vor dem Anthropozän aus den anorganischen Bestandteilen der Erde hätte entstehen können. Ob Sie wollen oder nicht, das Auftauchen von Cyborgs ist nicht vorstellbar ohne die gottähnliche – oder elternähnliche – Rolle von uns Menschen. Es gibt auf der Erde keine natürliche Quelle ihrer speziellen Bauteile wie die ultrafeinen Drähte aus hochreinem ungebrochenen Metall, noch gibt es dünne Schichten von Halbleitermaterialien mit genau den richtigen Eigenschaften.

Es gibt Materialien wie Mika und Graphit, die natürlich vorkommen und sich möglicherweise zu Cyborgs hätten entwickeln können, aber das scheint nicht einmal in den 4 Milliarden Jahren passiert zu sein, die zur Verfügung standen. Wie der französische Biochemiker Jacques Monod es formulierte, waren die Evolution und das Auftauchen organischen Lebens eine Frage von Zufall und Notwendigkeit. Die für das organische Leben erforderlichen Chemikalien waren auf der Urerde reichlich vorhanden; sie waren es, die durch Zufall und Notwendigkeit ausgewählt wurden.

In der Tat gab es auf der Erde so viele Ersatzteile des Lebens, dass ich nicht umhinkann, mich zu fragen, ob sie jemand dort abgelegt hat, so wie wir heute die Bestandteile dessen zusammenfügen, was bald das neue elektronische Leben werden könnte. Ich denke, es ist entscheidend zu begreifen, dass wir uns, welchen Schaden wir der Erde auch immer zugefügt haben mögen, gerade noch rechtzeitig gerettet haben, indem wir gleichzeitig als Eltern und Geburtshelfer der Cyborgs agieren. Sie allein können Gaia durch die astronomischen Krisen führen, die nun bevorstehen.

In gewissem Maße findet die absichtsvolle Evolution bereits statt, deren Schlüsselfaktor die Geschwindigkeit und Dauerhaftigkeit des Mooreschen Gesetzes ist. Wir werden merken, dass wir ganz im Novozän angekommen sind, wenn Lebensformen auftauchen, die in der Lage sind, sich zu reproduzieren und die Fehler der Reproduktion durch gezielte Selektion zu korrigieren. Das Leben des Novozäns wird dann imstande sein, die Umwelt so zu verändern, dass sie seinen Bedürfnissen chemisch und physikalisch entspricht. Aber, und das ist der Kern der Sache, ein wesentlicher Teil der Umwelt wird das Leben sein, wie es jetzt ist.

17

Das Bit

—

Zunächst muss ich erläutern, warum wir zur Zeit nicht einfach eine Fortsetzung oder Erweiterung des Anthropozäns erleben, sondern eine ziemlich radikale Umwandlung, die es verdient, als neue geologische Epoche bezeichnet zu werden. Wie schon gesagt, gab es bisher zwei entscheidende Ereignisse in der Geschichte unseres Planeten. Das eine fand vor etwa 3,4 Milliarden Jahren statt, als erstmals Bakterien auftauchten, die zur Photosynthese fähig waren. Photosynthese ist die Umwandlung von Sonnenlicht in nutzbare Energie. Das zweite war, im Jahr 1712, Newcomens Erfindung einer leistungsfähigen Maschine, die das in Kohle eingeschlossene Sonnenlicht direkt in Arbeit umsetzte. Wir treten nun in die dritte Phase ein, in der wir – und unsere Cyborg-Nachfolger – Sonnenlicht direkt in Information umwandeln. Dieser Prozess begann eigentlich zur selben Zeit wie das Anthropozän. Bis zum Jahr 1700 hatten wir unwissentlich genügend Information angehäuft, um dieses Zeitalter einzuläuten. Heute, da wir uns 2020 nähern, haben wir so viel davon, dass wir sie nun einsetzen und so das Novozän starten können.

Ich spreche nicht von solchen Informationen wie der Wettervorhersage, einem Zugfahrplan oder den Meldungen des Tages. Ich meine das, was auch der Physiker Ludwig Boltzmann meinte – Information als fundamentale Eigenschaft des Kosmos. Das trieb ihn so um, dass er sich wünschte, die simple Formel, die seine Gedanken ausdrückte, möge auf seinem Grabstein stehen.

Der erste Versuch, Informationen wissenschaftlich zu verarbeiten, wurde in den 1940ern unternommen, als der amerikanische Mathematiker und Ingenieur Claude Shannon an der Kryptographie forschte. 1948 mündete diese Arbeit in seinen Artikel «A Mathematical Theory of Communication» («Mathematische Grundlagen in der Informationstheorie»), ein für die Nachkriegstechnologie elementares Dokument. Die Informationstheorie steht heute im Zentrum von Mathematik, Computerwissenschaften und vielen anderen Disziplinen.

Die Grundeinheit der Information ist das Bit, das einen Wert von Null oder Eins, bzw. wahr oder falsch, an oder aus, ja oder nein haben kann. Ich betrachte ein Bit in erster Linie als technischen Begriff, das kleinste Ding, aus dem alles andere aufgebaut ist. Computer arbeiten nur in Nullen und Einsen; davon ausgehend, können sie ganze Welten entstehen lassen. Eine solche Komplexität, die, wie im Go-Spiel, aus einer solchen Einfachheit hervorgeht, legt nahe, dass Information vielleicht tatsächlich die Grundlage des Kosmos ist.

Das Auftauchen einer derartigen Reichhaltigkeit an Informationen als Teil des Erdsystems hat einen tiefgreifenden Effekt. Die Welt der Zukunft, die ich nun vor mir sehe, ist eine Welt, in der der Lebenscode nicht länger nur in RNS (Ribonukleinsäure) und DNS, sondern auch in anderen Codes geschrieben wird, einschließlich jener, die auf digitaler Elektronik und

Mustern basieren, die wir noch gar nicht erfunden haben. In dieser zukünftigen Ära wird das große Erdsystem, das ich Gaia nenne, dann gemeinsam von dem, was wir heute als Leben betrachten, und von neuem Leben, den Nachkommen unserer Erfindungen, gelenkt werden.

Das verwandelt die Evolution vom darwinistischen Prozess der natürlichen Selektion in die durch Menschen oder Cyborgs betriebene absichtsvolle Selektion. Wir werden die nachteiligen Mutationen der Reproduktion des Lebens – sei sie künstlich oder biologisch – viel schneller korrigieren als der träge Prozess der natürlichen Selektion.

Wenn die Cyborgs die dominante Spezies sind, so überlege ich immer wieder, wird dann, infolge ihres ausgeklügelten Evolutionsprozesses, ein Individuum auftauchen, das in der Lage ist, die Fragen, die das kosmisch anthropische Prinzip aufgeworfen hat, zu beantworten? Ich wüsste gerne, ob sie einen Beweis meiner eigenen Überzeugung entdecken werden, dass das Bit das fundamentale Teilchen ist, auf dem das Universum aufbaut.

18

Über den Menschen hinaus

—

Wenn wir uns die intelligenten Maschinen der Zukunft ausmalen, dann stellen wir uns erstaunlicherweise sehr oft etwas vor, das aussieht oder handelt wie ein Mensch. Ich denke, es gibt dafür drei mögliche Gründe. Erstens, es ist ein quasi-religiöser Impuls: Der Mensch begreift sich als Krone der Schöpfung, weshalb unsere Nachfolger auch irgendwie menschlich sein müssen. Zweitens, es ist beruhigend zu denken, dass sie wie wir sind, zumindest äußerlich; vielleicht bedeutet das für uns, dass sie uns auch innerlich ähneln und wir darauf vertrauen können, dass sie sich mehr oder weniger menschlich verhalten. Der dritte Grund ist, dass wir fasziniert sind von der Idee des Unheimlichen, wie Sigmund Freud es definierte. Freud schrieb über die Seltsamkeit von Puppen oder Wachsfiguren und argumentierte, dass diese Seltsamkeit von gewöhnlichen Dingen hervorgerufen werde, mit denen irgendetwas nicht ganz stimme. Das erklärt die besonders eindringliche Wirkung des menschenähnlichen Roboters in der Science-Fiction – er sieht aus wie einer von uns, aber wir sind irritiert durch seine Motive und Gefühle, durch sein Inneres.

Ich vermute, die einfache Wahrheit ist, dass wir uns kein intelligentes Wesen vorstellen können, das nicht ein Stück weit so ist wie wir. Und wenn wir es versuchen, dann misslingt es uns. In der allgemeinen Vorstellung haben typische Aliens riesenhafte Köpfe – die entweder hohe Intelligenz signalisieren oder an ein niedliches Baby erinnern – und große schrägstehende Augen. Aber sie haben zwei Arme, zwei Beine, und sie laufen herum, genau wie wir.

Es scheint, als stünden wir immer noch im Bann eines 1920 geschriebenen Stückes: *R.U.R. – Rossum's Universal Robots (dt. W.U.R. – Werstands Universal Robots)* von Karel Čapek, einem sarkastischen tschechischen Schriftsteller, der sieben Mal für den Nobelpreis nominiert war, ihn aber nie bekam. Ich kann mir vorstellen, dass das sein düster realistisches Weltbild nur bestätigte. «Wenn Hunde sprechen könnten», sagte er, «dann fänden wir es vielleicht genauso schwer, mit ihnen auszukommen, wie mit anderen Leuten.» Čapeks Maschinen verkörperten eine Art von Perfektion, aber eine seelenlose; ihre spektakuläre Anziehungskraft war die des Unheimlichen. Im Stück wird die Menschheit durch diese Kreaturen zerstört. Čapeks Neologismus «Roboter» war von einem tschechischen Wort abgeleitet, das «Zwangsarbeit» bedeutet. Tatsächlich würden wir Čapeks Wesen nicht als Androiden oder Replikanten bezeichnen, weil sie mehr aus synthetischem Fleisch und Blut bestehen als aus Maschinenteilen. Aber das Wort «Roboter» überlebte, um Maschinen zu beschreiben, die wie Menschen aussehen und sich wie Sklaven benehmen.

Wir neigen also dazu, das intelligente Leben der Zukunft für etwas zu halten, das wir beherrschen und das zu unserem Nutzen oder vielleicht zum Nutzen einer rivalisierenden Menschengruppe da ist. Unter den vielversprechenden Kandidaten zukünftigen Lebens wäre eine intelligente Haushaltshilfe, die die Dienste eines nahezu perfekten Butlers und Hausmädchens vereinte. Oder vielleicht wäre es auch ein besonders sicheres und ausgeklügeltes chirurgisches Instrument, das sich durch den menschlichen Körper bewegen und ihn reparieren könnte, oder, der Favorit der Buchmacher, eine autarke, mit tödlichen Waffen ausgerüstete Drohne. Aber immer ist es etwas Menschliches.

Ich denke manchmal, unsere Sehnsucht danach, dass alle intelligenten Wesen menschenähnlich sind, hat uns auch bei der Konzeption von Computern beeinflusst. Als wir sie entwickelten, haben wir sie so gestaltet, dass sie Information auf die gleiche Weise verarbeiteten, wie wir das selbst zu tun glaubten. Der Computer auf Ihrem Schreibtisch oder in Ihrer Tasche ist nach dieser Vorstellung entworfen, und er ist absolut logisch, aber er rechnet über 10 000-mal schneller, als Sie das können, und das allein ist der Grund, warum wir Computer benutzen. Doch so übermenschlich schnell sie auch sein mögen, sie werden doch von uns ausgebremst, denn in ihrer derzeitigen Form wenden sie eine Befehlsroutine an, die logisch, Schritt für Schritt, von Anfang bis Ende durchläuft. Jede intuitive Wahrnehmung fehlt ihnen völlig, vielleicht weil wir unserer eigenen intuitiven Wahrnehmung nie genug Glauben geschenkt haben, oder weil wir wollen, dass sie unsere Sklaven bleiben.

Die fortschrittlichsten PCs haben Chips, die mindestens sieben separate Logikpfade gleichzeitig bearbeiten können; das ist eine Verbesserung, aber noch nichts verglichen mit dem menschlichen Gehirn, das Millionen von Sinneseindrücken simultan verarbeitet. Vielleicht handelt es sich dabei tatsächlich um eine Selbstschutzmaßnahme; die Entwicklung, die wir unseren Com-

putern zugestanden haben, ermöglichte ihnen lediglich das Erreichen eines niedrigeren Intelligenzlevels als dem unseren.

Es scheint wenig Zweifel daran zu bestehen, dass sich Ge-
hirne, selbst die von Insekten und Tieren, als massiv parallele
Baugruppen herausgebildet haben. Vielleicht erfordert das intuitive Denken – etwas, das wir die ganze Zeit über nutzen und
auf das sich Erfinder gerne rückbesinnen – Parallelverarbeitung
für seine Logik. Es handelt sich um eine Logik, die ganz anders
und leistungsfähiger zu sein scheint als die einkanaligen Schritt-
für-Schritt-Argumente der klassischen Logik.

Beobachten Sie zum Beispiel einen Fielder in einem Kricket-
oder Baseballspiel. Wenn der Ball geschlagen wurde, fliegt er
vielleicht mit einer Geschwindigkeit von 160 km/h auf den Spieler zu. Wenn dieser etwa 45 Meter weit weg steht, dann muss er,
um den Ball zu fangen, die Informationen nutzen, die seine Augen gesammelt haben, und dann diese Daten in einem Programm
seines Gehirns, das die Bewegung seines Armes und Körpers
steuert, verarbeiten, damit seine Hand die Flugbahn des Balles
abfangen kann – und das in einer Sekunde. Würde seinem Handeln ein logischer, einkanaliger, schrittweiser Prozess zugrunde
liegen wie bei der Kommunikation durch Sprache, dann könnte
es Stunden oder Tage dauern, diese Aufgabe auszuführen. Einen
Ball zu fangen oder dem Sprung eines Raubtiers zu entkommen,
erfordert eine viel schnellere holistische Reaktion. Linear-logi-
sches Denken ist gut und schön, aber Sie würden bald sterben,
wenn Sie sich im Dschungel darauf verließen. Schnelle Instinkte
schützen uns vor den Risiken der Umwelt.

In all dem – von den Robotern bis zu Ihrem Laptop – steckt
die Vorstellung, dass Maschinen, so fortschrittlich sie auch sein
mögen, ein fundamentales Defizit haben. Es fehlt ihnen eine

Qualität – eine Seele, Empathie. Das macht sie unfähig, die letzte Grenze zu überschreiten, die sie von der Menschlichkeit trennt. In der Science-Fiction ist dies ein geläufiges Thema. Am berühmtesten ist der Android Data in der TV-Serie *Star Trek: The Next Generation*, der permanent darum kämpft, menschlicher zu werden. Data ist überzeugt, dass dies eine höchste Errungenschaft wäre. Er wäre weniger beeindruckt, wenn er jemals realisierte, dass seine Unfähigkeit, vollkommen menschlich zu werden, durch Menschen und ihr Verhaftetsein in logischem Schritt-für-Schritt-Denken in ihn hineinkonzipiert wurde.

Data ist freundlich, oft heldenmütig und nicht im Entferntesten angsteinflößend. Für gewöhnlich sind solche fiktionalen, freundlichen, fügsamen, menschenähnlichen-aber-nicht-zu-menschlichen Robotersklaven zwiespältige Kreaturen. Wir haben ständig das Bedürfnis zu fragen: Was denken sie? Wir sind außerdem beunruhigt durch ihre mangelnde Intuition, da wir fürchten, ihre Logik könnte sie zu menschenschädigenden Schlüssen führen. Der Science-Fiction-Schriftsteller Isaac Asimov war der Erste, der sich mit dem Verhalten und der Moral von Cyborgs oder Robotern, wie man sie damals nannte, eingehend beschäftigte.

In einer 1942 geschriebenen Geschichte schlug er eine Lösung vor. Er stellte drei Robotergesetze auf:

1. Ein Roboter darf kein menschliches Wesen verletzen oder durch Untätigkeit zulassen, dass einem menschlichen Wesen Schaden zugefügt wird.

2. Ein Roboter muss den ihm von einem Menschen gegebenen Befehlen gehorchen, es sei denn, ein solcher Befehl würde mit Regel eins kollidieren.

3. Ein Roboter muss seine Existenz beschützen, solange dieser Schutz nicht mit Regel eins oder zwei kollidiert.

Oberflächlich betrachtet, scheinen diese Regeln ziemlich wasserdicht zu sein, und sie tauchten in der einen oder anderen Form auch sowohl in Science-Fiction-Geschichten als auch in Think-Tank-Diskussionen über die Gefahren künstlicher Intelligenz auf. Die drei Gesetze haben dennoch eine fatale Schwachstelle – sie gehen davon aus, dass diese Geschöpfe nicht so frei sind wie wir. Wir haben Regeln, aber wir widersetzen uns ihnen, wenn es uns passt; damit Asimovs Regeln funktionieren, darf es keinen Ungehorsam geben.

Von einer solchen Voraussetzung können wir im Hinblick auf die Cyborgs des Novozäns nicht ausgehen. Sie werden ganz und gar frei von menschlichen Befehlen sein, denn sie werden sich durch einen selbstgeschriebenen Code entwickelt haben. Von Beginn an wird dieser dem von Menschen geschriebenen weit überlegen sein. Wann immer ich mir jüngst entwickelte Computercodes ansehe, ist es absolut fürchterliches Zeug. Sähen Sie die Entsprechung auf Englisch (oder Deutsch), dann würden Sie alles direkt aus dem Fenster schmeißen. Es ist absoluter Müll, hauptsächlich, weil es einfach auf einen früheren Code aufgepfropft wurde, eine Abkürzung, die Programmierer gerne gehen. Cyborgs würden von Neuem anfangen; wie Alpha-Zero würden sie von einem unbeschriebenen Blatt ausgehen. Das bedeutet, sie müssten ihren eigenen Grund finden, nett zu Menschen zu sein.

Aber wie würden sie aussehen? Alles ist möglich, aber ich sehe sie, vollkommen spekulativ, als Sphären.

19

Mit den Sphären sprechen

—

Wenn sie so anders sind, werden Sie vielleicht fragen, können wir dann überhaupt mit ihnen kommunizieren?

«Wenn ein Löwe sprechen könnte», sagte der Philosoph Ludwig Wittgenstein, «wir könnten ihn nicht verstehen.» Das war eine verschärfte Version von Čapeks Bemerkung über Menschen und Hunde. Wittgensteins Punkt war, dass unsere Sprache unsere Lebensart ist, und ihr gemäß betrachten wir die Welt. Löwen würden keine dieser Perspektiven teilen. Und genauso wenig würden das die Cyborgs tun.

Man glaubt, dass sich die Sprache vor 50 000 bis 100 000 Jahren herausgebildet hat. Sie entstand vermutlich durch eine Reihe vorteilhafter Mutationen unseres Gehirns, unserer Hände und unseres Kehlkopfes. Sie ist daher tief in der Physiologie des Menschen verankert und wird für die elektronische Anatomie und Physiologie von Cyborgs nicht im Entferntesten geeignet sein.

Die Form der Sprache war es, die dazu führte, dass wir weiter der klassischen Logik folgten und die Ausnahmen, die uns die Wissenschaft offenbarte – wie die Quantentheorie –, in andere Welten verschoben, die mit uns scheinbar koexistieren.

Wir haben diesen Fehler aufgrund der Natur der Sprache, der gesprochenen wie auch der geschriebenen, begangen, verbunden mit der Tendenz menschlichen Denkens, Dinge in ihre Bestandteile zu zerlegen. So wissen wir zum Beispiel, dass unsere Freunde und Liebsten komplette Personen sind. Es mag mitunter sinnvoll sein, ihre Leber, ihre Haut und ihr Blut gezielt zu untersuchen, um deren spezifische Funktionen zu verstehen oder aus medizinischen Gründen. Aber die Person, die wir kennen, ist viel mehr als die bloße Summe dieser Teile.

Die Sprache scheint sich schnell entwickelt zu haben. Das ist nicht ungewöhnlich, nicht einmal für die komplexesten Eigenschaften. Modelle der Evolution eines voll funktionsfähigen Auges aus einer einzigen Zelle, die lediglich das Vorhandensein von Licht registrieren konnte, zeigen, dass der Evolutionsprozess bis zur letzten Stufe ziemlich schnell sein kann, selbst im Falle eines so ungemein präzisen Systems – das menschliche Auge kann 10 Millionen Farben und sogar ein einzelnes Photon erkennen. Dasselbe scheint für die Evolution der Sprache zu gelten, und vermutlich wurde sie relativ zügig zum Merkmal des Menschen.

Vor etwa 100 000 Jahren, als wir Tiere waren, die vom Jagen und Sammeln lebten, begünstigte die Selektion jene Individuen, die am effektivsten wichtige Dinge wie eine Nahrungsquelle oder Gefahr kommunizieren konnten. Die Tiere, deren Nachricht mit der größten Klarheit am weitesten kam, setzten sich durch. Nachrichten konnten durch Licht, Klang oder Geruch übertragen werden. Die physischen Gegebenheiten von Dschungel und Savanne waren der Lebensraum der meisten unserer Vorfahren, und in diesen Lebensräumen war die Kommunikation durch Laute am effektivsten. Es war außerdem leicht, Laute zu modulieren, um Informationen weiterzuleiten. Ein lauter, schriller Klang für Gefahr und ein tieferer Ton für Nahrung oder die Möglichkeit zur Paarung genügten fürs Erste, aber allmählich entwickelte sich die Sprache und übermittelte einen stetig wachsenden Gehalt nützlicher Informationen.

Der Prozess war langsam, weil er Veränderungen in Aufbau und Form des Klangerzeugers – des Kehlkopfes und der Öffnungen, aus denen der Klang austrat – und entsprechende Veränderungen der Ohren mit sich brachte. Er zog auch Anpassungen der Hirnstruktur und der Speicher- und Interpretationssoftware nach sich. Die natürliche Selektion wählte Stimmerzeuger von überraschender Flexibilität, die mühelos eine große Bandbreite von Schallfrequenzen und Wellenformen beherrschten. Auf diese Weise drückten unsere Nachrichten bald unmittelbar den Unterschied zwischen Emotionen wie Ärger und allen Ebenen von Freundschaft aus. Bald entwickelte sich auch Musik, die die Vorbereitungen zu Paarung oder Kampf begleitete: Werde von Verlangen gepackt, wenn du jene anziehenden Gesänge in der Dämmerung hörst; schrecke auf, wenn ein langsamer und bedrohlicher Trommelschlag dich im Morgengrauen weckt.

Die evolutionäre Investition in das menschliche Gehirn musste erheblich sein, um sich zu lohnen. Bedenken Sie die Masse des Gehirns und wie sehr es den Schutz der Knochen benötigt, und die Tatsache, dass es 20 Prozent der Stoffwechselenergie des Körpers verbraucht. Aber Intelligenz, vereint mit Kommunikation durch Sprache, ermöglichte es uns, Informationen zu sammeln und sie dann in Auseinandersetzungen mit unseren Freunden zu verfeinern. So speicherten wir die Resultate unserer Erörterungen in Schrift und Bild. Menschliche Kultur und Weisheit wurden ermöglicht durch Sprache.

Komplexe Sprachmuster und die Schrift machen uns unter den Tieren einzigartig, aber zu welchem Preis? Ich denke, dass die Kommunikation in Wort und Schrift zwar zunächst unsere Lebenschancen erhöht, unsere Denkfähigkeit aber gemindert und das Aufkommen eines wahren Novozäns verzögert hat.

Aber wie konnte die Sprache, dieses große Geschenk der Evolution, ein Nachteil gewesen sein? Ich denke hauptsächlich, weil wir das lineare Denken zum Dogma erhoben und gleichzeitig zugelassen haben, dass die Kraft der Intuition abgewertet wird. Ich bin Erfinder, und wenn ich zurückblicke, dann realisiere ich, dass fast all meine Erfindungen intuitiv vor meinem geistigen Auge entstanden sind. Ich erfinde nicht durch die logische Anwendung wissenschaftlicher Erkenntnisse. Aber ich gebe zu, dass sich diese in meinem Geist vorhandenen Erkenntnisse manchmal intuitiv zu einer Erfindung fügen.

Was die Cyborgs angeht, so wäre es ganz offensichtlich falsch, sich die Bewohner einer neuen elektronischen Biosphäre als Roboter oder in irgendeiner Weise menschenähnlich vorzustellen. Sie könnten die Form eines parallelen Ökosystems annehmen, das vom Mikroorganismus bis zu tiergroßen Entitäten reicht. Mit anderen Worten, es würde sich um eine andere Biosphäre handeln, die mit derjenigen, die wir jetzt haben, koexistiert. Ihre natürliche Sprache wäre nicht dieselbe wie unsere.

Da wir die Eltern der Cyborgs sind, werden sie jedoch trotzdem zunächst unsere Art der Sprache – durch die Fähigkeiten der Stimme geformte Töne – verwenden, um zu kommunizieren. Vielleicht brauchen sie einige Zeit, ihre eigene bevorzugte Kommunikationsstruktur und die Instrumente dazu zu finden oder zu entwickeln. Damit meine ich Cyborg-Zeit; uns würde es natürlich erscheinen, als geschähe das alles fast augenblicklich. Aber ich kann mir vorstellen, dass Cyborgs die Fähigkeit, mit uns zu sprechen, doch eher erhalten werden, so wie manche von uns Latein oder Griechisch pflegen, um mit den längst verstorbenen Gelehrten der klassischen Welt zu kommunizieren.

Wie schon gesagt, finde ich es ziemlich bizarr, dass wir und andere Tiere Informationen aller Art in zwei ganz unterschiedlichen Systemen verarbeiten müssen: dem langsamen Prozess von Sprache und Schrift, der nur eine begrenzte Reihe bewusster Ausdeutungen bietet; und dem schnellen Prozess der Intuition, der unserem bewussten Geist fast nichts erklärt, aber überlebensnotwendig ist. So vermute ich, dass Cyborgs das, was wir Sprache nennen, überhaupt nicht nutzen werden, es sei denn als Mittel, um mit uns zu kommunizieren. Das wird ihnen einen größeren Freiraum geben, als wir ihn derzeit besitzen, und es wird sie von unserer Schritt-für-Schritt-Logik befreien. Ich nehme an, ihre Kommunikationsform wird telepathisch sein.

Das Wort «telepathisch» hat einen schlechten Ruf. Entweder wurde es als Science-Fiction-Fantasie gebraucht, in der Aliens oder besonders begnadete Menschen stumm ihre Gedanken teilen, oder es taucht in den Weismachungen von Spiritisten oder schauspielernden Gedankenlesern auf. Die allgemein verbreitete Meinung ist, dass Telepathie unmöglich ist.

Aber wir alle sind ständig Telepathen. Machen Sie sich klar, wieviel Information wir nur durch den Anblick eines menschlichen Gesichts erhalten. Noch bevor ein Wort gewechselt wird, durchdringt uns die tiefgehende Wahrnehmung der Gefühlslage und Persönlichkeit eines Menschen, den wir gerade erst kennengelernt haben. Sie wissen vielleicht nicht, dass das stattgefunden hat – es ist ein weitgehend intuitiver Denkprozess –, aber es beeinflusst Ihr Verhalten schneller und effektiver als bewusste Überlegungen. Liebe auf den ersten Blick ist nicht unbedingt eine romantische Vorstellung, und sie passiert innerhalb einiger Millisekunden.

Informationen von einem Gesicht abzulesen ist telepathisch, aber es ist nicht sonderlich mysteriös. Wir gewinnen Informationen aus dem elektromagnetischen Spektrum – in diesem Fall sichtbares Licht. Wir tun das permanent, aber denken über Kommunikation nur als Sprache wirklich nach. Cyborgs wären nicht so beschränkt. Sie wären in der Lage, aus jedweder Strahlung Informationen zu ziehen, die eine Brücke zwischen ihnen schlägt. Sie könnten zum Beispiel wie eine Fledermaus Ultraschall nutzen, um ihre Umwelt zu erkunden. Das würde es Cyborgs ermöglichen, gewissermaßen augenblicklich zu kommunizieren, und sie wären fähig, eine viel größere Bandbreite an Frequenzen wahrzunehmen, als wir das tun.

Uns würden sie übermenschlich erscheinen, aber auf andere Weise wäre ihre Kraft genauso begrenzt wie unsere eigene. Wenn die Cyborgs mindestens so intelligent sind wie wir und sich ganzheitlich entwickeln können, dann werden sie sich wahrscheinlich der Erdumwelt, uns eingeschlossen, innerhalb sehr kurzer Zeit anpassen. Das wird nicht zuletzt so sein, weil elektronisches Leben den Zeitverlauf mindestens 10 000-mal schneller wahrnimmt als wir. Aber sie werden trotzdem den physischen Beschränkungen des Kosmos unterworfen sein, genau wie wir. Zum Beispiel wird ein Cyborg von der Größe eines Menschen nur mit Geschwindigkeiten laufen, schwimmen und fliegen können, die nicht viel größer sind als unsere. Das liegt daran, dass sich der Bewegungswiderstand durch ein viskoses

Medium wie Luft oder Wasser mit dem Quadrat der Geschwindigkeit erhöht. Eine Cyborg-Drohne, die versuchen würde, schneller zu fliegen als der Schall oder mit 80 km/h zu schwimmen, würde ihre Kraft in Windeseile erschöpfen. Ein interessanter Nachteil für Cyborgs ist, dass sie sich durch die Schnelligkeit ihrer Gedanken auf Fernreisen über die Maßen langweilen und vielleicht sogar unerfreulich altern würden. Ein Flug nach Australien wäre 10 000-mal langweiliger und viel störender für sie, als er es für uns ist; für sie würde er etwa 3000 Jahre dauern.

Eine Frage, die mich fasziniert, ist: Inwieweit würden Cyborgs in einer Quantenwelt leben? Natürlich leben wir bereits in einer Quantenwelt, der Welt des Infinitesimalen, auf die wir einen Blick erhascht, die wir aber noch nicht begriffen haben, weil sie nicht mit unserer schrittweisen Logik vereinbar ist. Seltsamerweise scheinen Physiker, ausgenommen Einstein, sich nicht daran zu stören, dass sie die Quantentheorie nicht erklären können. In einer Vorlesung zeichnete der größte Physiker des späten 20. Jahrhunderts, Richard Feynman, Diagramme, die das dynamische Verhalten atomarer und kleinerer Objekte beschrieben, und ging dann noch einen Schritt weiter in Richtung einer möglichen Erklärung. Aber er schloss mit dem Satz: «Wer glaubt, die Quantentheorie verstanden zu haben, hat sie nicht verstanden.»

Die einfache Wahrheit ist, dass wir lästig große und langsame Wesen sind, und dass Quantenphänomene gemeinerweise nur jenseits unserer gängigen Erfahrung existieren. Aber für die Cyborgs wird das nicht so sein. Die Geschwindigkeit und Leistungsfähigkeit ihres Denkens wird ihnen Zugang zu den Rätseln gewähren, die uns ratlos machen, wie etwa die offenkundige

Fähigkeit von Partikeln, Signale schneller als mit Lichtgeschwindigkeit zu senden, an zwei Orten gleichzeitig zu sein, und vieles mehr. Wenn Cyborgs dieses Wissen beherrschen – und das werden sie –, dann könnten sie etwa, wie in *Star Trek*, zur Teleportation in der Lage sein.

Aber das ist Spekulation. Um zum Wesentlichen zurückzukommen: Wenn künstliches intelligentes Leben einmal aufgetreten ist, dann könnte es sich aufgrund der ihm eigenen Schnelligkeit rasch genug entwickeln, um gegen Ende dieses Jahrhunderts ein maßgeblicher Teil der Biosphäre zu sein. Dann werden die primären Bewohner des Novozäns Menschen und Cyborgs sein. Das sind die beiden Spezies, die intelligent sind und zielbewusst handeln können. Die Cyborgs könnten freundlich oder feindlich sein, aber aufgrund des gegenwärtigen Alters und Zustands der Erde hätten sie keine andere Wahl, als mit uns gemeinsame Sache zu machen. Die Welt der Zukunft wird von der Notwendigkeit bestimmt sein, Gaias Überleben zu sichern, und nicht von den eigennützigen Bedürfnissen der Menschen oder anderer intelligenter Spezies.

20

Behütet von Maschinen
voller Liebe und Güte

—

1967 schlenderte Richard Brautigan, ein 32 Jahre alter amerika-
nischer Dichter, durch die Straßen von Haight-Ashbury in San
Francisco, dem Geburtsort der Hippie-Bewegung, und verteilte
Blätter, auf denen sein Gedicht «Behütet von Maschinen voller
Liebe und Güte» gedruckt stand. Es ist die Fantasie einer Zukunft mit einer «kybernetischen Wiese / wo Säugetiere und
Computer / zusammenleben in sich gegenseitig / programmie-
render Harmonie» und die Menschen von «Mühen befreit
sind / und wieder mit der Natur verbunden, / zurück bei unseren säugenden / Brüdern und Schwestern, / und rundum behütet / von Maschinen voller Liebe und Güte».

Das Gedicht war Ausdruck eines seltsamen Zusammenflus-
ses von Ideen. Auf der einen Seite stand ein Hippie-zurück-zur-
Natur-Idealismus, auf der anderen Seite die Computer- und
Kybernetikkultur der Systeme des Kalten Krieges. Die Idee war,
dass Regierungen und große Unternehmen verdrängt werden
könnten durch die Schaffung eines wohlgesonnenen Cybersys-
tems, das Hand in Hand mit der Natur arbeitete.

Brautigan hatte tatsächlich eine frühe und in mancher Hinsicht zutreffende Version des Novozäns entworfen, ein Zeitalter, in dem Menschen und Cyborgs in Frieden zusammenleben – vielleicht in Liebe und Güte –, weil sie einen gemeinsamen Plan zur Sicherung ihres Überlebens verfolgen. Dieser Plan ist die Erhaltung der Erde als bewohnbarer Planet.

Um es noch einmal zu sagen: Die langfristige Gefahr für das Leben auf der Erde ist die exponentiell zunehmende Wärmeabgabe der Sonne. Das ist schlichtweg die Logik jedes Planeten, der von einem Hauptreihenstern beleuchtet wird. Die Folgen der solaren Überhitzung brechen bereits über uns herein, und ohne das Regulationsvermögen von Gaia würde unser Planet unaufhaltsam auf einen Zustand zusteuern, der dem der Venus heute entspricht. Was uns rettet, ist das kontinuierlich und in ausreichendem Maße stattfindende Abpumpen von Kohlendioxid aus der Atmosphäre durch die Land- und Meeresvegetation.

Vorausgesetzt, es gibt keine planetare Katastrophe, dann werden die Bedingungen, die die Erde für das organische Leben bewohnbar machen, vermutlich noch einmal einige hundert Millionen Jahre bestehen bleiben. Elektronischen Lebensformen mag eine solche Zeitspanne wie die Ewigkeit erscheinen, weil sie so viel mehr in einer Sekunde unserer Zeit tun könnten als wir. Eine Zeitlang zumindest würde das neue elektronische Leben vielleicht gerne mit dem organischen Leben zusammenarbeiten, das so viel unternommen hat (und immer noch unternimmt), um die Bewohnbarkeit des Planeten zu erhalten.

Durch einen bemerkenswerten Zufall fügt es sich, dass die Temperaturobergrenzen sowohl für organisches als auch für elektronisches Leben auf dem Ozeanplaneten Erde nahezu identisch sind und bei knapp 50°C liegen. Elektronisches Leben kann theoretisch viel höhere Temperaturen aushalten, etwa bis 200°C. Aber so weit würde es auf unserem Ozeanplaneten gar nicht erst kommen. Oberhalb von 50°C wird der ganze Planet zu einem Milieu, das korrosiv zerstörend wirkt. In jedem Fall ergäbe der Versuch, bei Temperaturen über 50°C zu überleben, keinen Sinn. Die physikalischen Bedingungen der Erde bei höheren Temperaturen als dieser wären für alles Leben unmöglich, Extremophile und Cyborgs mit eingeschlossen. Das verblüffende Ergebnis dieser Betrachtungen ist: Welche Lebensform uns auch immer ablöst, sie wird die Verantwortung tragen, die Temperatur deutlich unter 50°C stabil zu halten.

Wenn ich mit der Gaia-Hypothese richtigliege und die Erde tatsächlich ein selbstregulierendes System ist, dann wird das weitere Überleben unserer Spezies davon abhängen, ob die Cyborgs Gaia akzeptieren. In ihrem eigenen Interesse werden sie gezwungen sein, sich uns anzuschließen und in das Projekt, die Erde kühl zu halten, mit einzusteigen. Sie werden außerdem realisieren, dass der Mechanismus, auf den sie dafür zurückgreifen können, das organische Leben ist. Deshalb glaube ich, dass die Vorstellung eines Krieges zwischen Menschen und Maschinen, oder ganz einfach unsere Auslöschung durch sie, höchst unwahrscheinlich ist. Nicht wegen der von uns aufgezwungenen Regeln, sondern aufgrund ihres eigenen Egoismus werden sie unsere Spezies als Mitarbeiter bereitwillig erhalten.

Sie werden natürlich etwas Neues zu der Sache beisteuern, vermutlich im Bereich des Geoengineering – groß angelegte Projekte zum Schutz oder der Modifizierung der Umwelt. Zu solchen Projekten wird das elektronische Leben mühelos in der Lage sein. Cyborgs werden vielleicht zu hitzereflektierenden

Spiegeln im All tendieren, wie sie der Astrophysiker Lowell Wood beschreibt. Das wäre eine einzige, gut 1,5 Millionen Quadratkilometer große Drahtnetzstruktur oder viele kleinere Spiegel. Wood hat berechnet, dass die Reflexion von einem Prozent des einfallenden Sonnenlichtes genügen würde, um das Problem der Erderwärmung zu lösen. Oder vielleicht würden unsere neuen Gefährten überflüssige Hitze auch lieber in Form von Mikrowellen oder niederfrequentem Infrarot von starken Transmittern an den Polen aus ins All zurückstrahlen. Oder sie könnten organische oder Cyborg-Materialien nutzen, die Sonnenlicht absorbieren und dann genug von seiner Energie reflektieren, um die Erde kühl zu halten.

Eine weitere Möglichkeit wäre etwa das Versprühen von Meerwasser, um feine Salzpartikel zu erhalten, die in der feuchten Luft über der Meeresoberfläche als Kondensationskerne zur Bildung von Wolken dienten, welche dann das Sonnenlicht reflektieren. Solche Sprühnebel hätten nicht den gleichen Treibhauseffekt wie ein Anstieg des Wasserdampfgehalts in der Atmosphäre durch die Erwärmung des Ozeans. Einige Wissenschaftler haben den Einsatz eines Schwefelsäure-Aerosols in der Atmosphäre zur Erzeugung von Kondensationskernen für Wolken vorgeschlagen. Diese Idee ahmt die bekannte Kühlwirkung von Vulkanausbrüchen nach, die ebenfalls Schwefelgase in die Stratosphäre jagen. Darüber hinaus kann man auch das Starten einer Rakete zur Ablenkung eines sich nähernden Asteroiden als Geoengineering betrachten. Wir könnten diese Dinge jetzt schon tun, aber die Cyborgs werden sie besser, kontrollierter und mit höherer Präzision bewerkstelligen.

Es wären jedoch immer noch Risiken damit verbunden. Die vielleicht beste Darstellung, die es über die Praktiken und

Nachteile des Geoengineering bisher gibt, findet sich in *The Planet Remade: How Geoengineering Could Change the World* von Oliver Morton. Seine Analyse macht deutlich, dass Geoengineering etwas ist, das wir vielleicht als allerletzte Maßnahme einsetzen müssen.

Wenn wir vom physikalischen Standpunkt aus einen zukünftigen selbstregulierenden Planeten betrachten, dann sehen wir, dass eine enorme Kühlwirkung allein durch die Veränderung der planetarischen Albedo – das Maß für das Rückstrahlvermögen – erreicht werden kann. Das wäre für die Cyborgs vermutlich einfacher, als die Biochemie zu manipulieren, wie es das Leben derzeit tut. Wie zuvor erwähnt, könnten es unsere hochentwickelten Nachfahren vorziehen, heliozentrische Reflektoren gemäß der Idee von Lowell Wood zu installieren. Alternativ könnten sie vielleicht riesige Kühlschränke an den Polen bauen und ihren Entropieüberschuss als Strahlungsenergie mit geeigneter Frequenz ins All befördern. Das würde aus unserem Planeten eine neue Art von Stern machen, einen, der absichtlich kohärente Energie abgäbe. Vielleicht ist es das, wonach die Exobiologen streben sollten?

Der Preis, den wir für diese Zusammenarbeit zahlen müssten, ist der Verlust unseres Status als intelligenteste Wesen der Erde. Wir würden Menschen bleiben, die in menschlichen Gesellschaften leben, und zweifellos würden die Cyborgs für unerschöpflichen Nachschub an phantasievoller und zugleich erhellender Unterhaltung sorgen. Oder umgekehrt könnten auch wir ihnen Unterhaltung bieten, so wie Blumen oder Tiere uns erfreuen. Das würde der Welt von *Matrix* bedrohlich nahe kommen, in der die Menschen von Maschinen als Energiequelle gehalten und ruhiggestellt werden, indem sie virtuelle Leben in einer virtuellen Welt bekommen, ähnlich jener, der man sie gewaltsam entrissen hat. Eine Zukunft als Batterie ist keine attraktive Option.

Was diese Zukunft mit eigenständig denkenden, von menschlichen Regeln befreiten Cyborgs angeht, ist die Sache die, dass wir weder erahnen noch bestimmen können, wie sie langfristig aussehen wird. Kurzfristig rechne ich mit einer Zusammenarbeit zur Erhaltung der Erde als lebendem Planeten. Aber was wäre, wenn die Cyborgs sich auf längere Sicht hin fragen: Warum auf der Erde bleiben? Die Bedürfnisse der Cyborgs sind ganz anders als unsere. Sauerstoff ist ein Störfaktor, keine unbedingte Notwendigkeit. Es gibt unangenehm viel Wasser. Vielleicht werden sie beschließen, auf den Mars zu ziehen, einen Planeten, der hoffnungslos ungeeignet ist für wasser- und kohlenstoffbasierte Lebensformen, wie wir eine sind, aber der ziemlich komfortabel sein könnte für das trockene siliziumoder carbonbasierte Leben einer IT-Art.

Würden sie weiter gehen als bis zum Mars? Auch wenn unsere Nachfahren extreme Schnelldenker sein werden, bleiben die normalen Grenzen des Universums wie die Lichtgeschwindigkeit in der Praxis so limitierend wie gehabt. Werden sie in der Lage sein, hinaus in unsere Galaxie zu ziehen oder sogar ins Universum?

Oder werden sie die Bedingungen auf der Erde in einer Weise verändern, die für uns ungünstig ist? Wenn im Novozän die Photosynthese von Pflanzen durch elektronische Lichtkollektoren ersetzt wird, dann würde der reiche Sauerstoffgehalt der Atmosphäre innerhalb weniger tausend Jahre in den Spurenbereich absinken. Der Himmel wäre dann nicht länger blau, sondern stattdessen ein schmutziges Braun. Die Geophysik der neuen Welt würde sich von jener der heutigen Erde stark unterscheiden. Anstelle von Leben in vorwiegend chemischer Form mit Kohlenstoff als vorherrschendem Element könnte es eine elektronische Periode, geschaffen aus Halbleiterelementen wie Silizium, geben. Mit der Zeit könnte Kohlenstoff wieder das führende Element werden, wenn Diamant Silizium als bester Halbleiter ersetzt.

Für Biochemiker wäre es möglicherweise faszinierend herauszufinden, ob die chemischen Tricks der DNA zur direkten Produktion von Silizium- und Diamantchips führen könnten. Wenn das passieren würde, dann könnten durch Rekursion Wunder wie die direkte Erzeugung von Elektrizität durch Bäume und andere Pflanzenarten hervorgebracht werden. Da die Sonne heißer wird, glaube ich langfristig an ein Comeback des Kohlenstoffs. Die hohe Anpassungsfähigkeit seiner molekularen Form und seine Hitzebeständigkeit machen ihn zu einem möglichen Kandidaten für das zukünftige elektronische Leben. Wie sich bereits gezeigt hat, stellen zwei Formen des Kohlenstoffs – Diamant und Graphen – für die künstliche Intelligenz eine klare Verbesserung gegenüber Silizium dar.

Wenn sich das Novozän entwickelt, wie es die Biosphäre getan hat, dann werden chemische Elemente, je nach Nutzen und Vorkommen in der natürlichen Umwelt, ausgewählt oder verworfen. Der Meeresbiologe Michael Whitfield erforschte die Verteilung chemischer Elemente in der Meeresumwelt. Er zeigte, dass die im Meerwasser reichlich vorhandenen Elemente – Wasserstoff, Sauerstoff, Natrium, Chlor und Kohlenstoff – gemeinsam die Masse der lebenden Materie bilden. Eine Zwischenklasse von Elementen ist rar, wird aber aktiv benötigt; dazu gehören Stickstoff, Eisen, Phosphor, Jod und mehrere andere lebenswichtige Elemente, die heute in den Meeren nur noch in Spuren vorkommen. Die dritte Klasse der im Ozean gelösten Substanzen sind toxische Elemente, darunter Arsen, Blei, Thallium und Barium. Sie sind selten und spielen für die Entwicklung von Leben kaum eine oder keine Rolle.

Als Chemiker würde ich sehr gerne sehen, wie sich das Leben im Novozän aus dem Spektrum von Elementen auf der Erde selbst aufbaut. Ich vermute, die Aufgabe der neuen Daseinsform, einen selbsterhaltenden, intelligenten Planeten zu schaffen, würde ihr in der Anfangsphase durch die Aufrechterhaltung einer kooperativen Beziehung mit Menschen und der Biosphäre erleichtert werden.

Stellen Sie sich Tiere vor, die mit Energie versorgt werden, indem sie auf Weiden mit solarbetriebenen Pflanzen grasen oder frisch geladene Batterien aus solarbetriebenen Bäumen rupfen. Stellen Sie sich Bodenbakterien und Pilze vor, die die Erosion von Fels beschleunigen und das Abpumpen von Kohlendioxid übernehmen können. Sie könnten vielleicht sogar die Elemente, die das elektronische Leben benötigt, aus Steinen fördern. Stellen Sie sich anstelle von Solarzellen Bäume vor, die direkt an das Stromnetz angeschlossen sind. Stellen Sie sich weiterhin eine Vegetation vor, welche die Elektronen, die sie freisetzt, durch die Nutzung von Energie aus Sonnenlicht speichert und sie in Batterien einspeist, die wie Früchte von anorganischen Bäumen hängen.

Indessen könnte der Planet weiter erwärmt werden durch unbrauchbare Information. Derzeit tragen die Massen von Abgasen, Müll und anderen ungerechtfertigten Zivilisationsprodukten gesammelt zur Erderwärmung bei. Interessanterweise hat der Zuwachs an Junk-Information eine ähnliche Tendenz.

Selbst da, wo wir leben, am Ufer des Meeres und weit entfernt von irgendwelchen Mülldeponien, kommen große Lastwagen, um Papier und anderen Müll einzuladen, der Teil des modernen Lebens ist. Ich habe mich oft gefragt, ob das Internet dem gleichen Ziel dienen könnte wie diese Laster, indem es die nutzlosen und überflüssigen Informationen abtransportieren und in irgendeiner riesigen unergründeten Tiefe des Universums entsorgen könnte. Ich stelle mir gerne riesige Transmitter vor, die an den Polen stehen und Junkmail, unerwünschte Werbung, banale Unterhaltung und Fehlinformationen senden. Was für eine fantastische Art, sich kühl zu halten!

Wenn das Novozän voll eingesetzt hat und chemische und physikalische Bedingungen so reguliert, dass die Erde für Cyborgs bewohnbar bleibt, dann wird Gaia ein neues, anorganisches Gewand tragen. Während es sich so entwickelt, dass es dem ständig zunehmenden Wärmeausstoß der Sonne entgegenwirken kann, wird das Novozänsystem vielleicht heißer oder kälter werden, als es das organische Leben verkraften kann. Die neue IT-Gaia wird sich natürlich einer viel längeren Lebensdauer erfreuen, als das der Fall gewesen wäre, wenn wir nicht die Rolle ihrer Geburtshelfer übernommen hätten. Letztlich wird die organische Gaia wahrscheinlich sterben. Aber so wie wir das Verlöschen unserer Vorgängerspezies nicht beweinen, so denke ich mir, werden die Cyborgs auch nicht gramerfüllt sein, wenn die Menschen aussterben.

21

Denkende Waffen

—

Ich habe gesagt, dass ein Krieg zwischen Menschen und Maschinen, wie er mit entsprechender Dramatik in den Terminator-Filmen dargestellt wird, höchst unwahrscheinlich ist. Aber wir kennen bereits eine Art und Weise, wie sich die Kriege der Zukunft abspielen könnten.

Ich kann mich gut daran erinnern, wie im Zweiten Weltkrieg V1-Raketen, beladen mit einer Menge Sprengstoff, zum ersten Mal wahllos über London niederregneten – und doch ging das Leben irgendwie normal weiter. Auf der Straße fragte jemand: «Was um Himmels willen geht hier vor?» Als die Frau hörte, dass es sich bei diesen neuen Waffen um unbemannte Flugzeuge handelte, seufzte sie vor Erleichterung und sagte: «Gott sei Dank ist niemand da oben, der die Bomben auf mich abwirft.»

Im *Economist* vom 2. Oktober 2016 erschien ein Artikel, in dem es unter anderem um die Entwicklung von Autopiloten für Linienflugzeuge ging. Diese großartigen Geräte können fast alles, was ein ausgebildeter Pilot kann, und das beinhaltet Landen und Starten unter sehr schwierigen Wetterbedingungen, Routenfindung und das Anfliegen entfernter Destinationen. Um zu gewährleisten, dass sie sicher und resistent gegen Bauteilausfälle sind, enthalten Autopiloten drei unabhängige Systeme, und wenn in diesem Triumvirat keine Einigkeit herrscht, dann wird die Steuerung des Flugzeuges wieder an die Piloten abgegeben, die ebenfalls an Bord sind.

Ein seltener, aber schwerwiegender Fehler tritt bei Autopiloten auf, wenn die Atmosphäre die Flugbedingungen so verschlechtert, dass das Gerät die Lage nicht bewältigen kann; dann wird im denkbar schlimmsten Moment die Kontrolle wieder an die menschlichen Piloten übergeben. Mehrere katastrophale Abstürze, die den Verlust vieler Menschenleben forderten, ereigneten sich aufgrund dieser Schwachstelle. Es hieß, die Piloten hätten den Fehler begangen, aber in Wahrheit waren sie mit einem Problem konfrontiert worden, das die Fähigkeiten von drei der weltbesten Autopiloten überstiegen hatte.

Eine Computerfirma befasste sich kürzlich mit einem verbesserten Autopiloten, der die Gefahren, die durch dieses Problem entstehen, verringern könnte. Die Entwickler dachten über einen Computer nach, der die Kunst, durch gefährliche Bedingungen zu fliegen, in dem Moment erlernen kann, in dem er ihnen begegnet, ungefähr so wie AlphaZero lernte, Go zu spielen. Ein solcher Autopilot wäre viel leistungsfähiger als die bereits existierenden. Die Ingenieure regten ein Cockpit-Computersystem an, das auf einem lernfähigen neuronalen Netzwerk anstelle eines programmierten Computers basierte.

Interessanterweise macht die Diskussion im *Economist* im Folgenden darauf aufmerksam, dass die Luftfahrtbehörden nicht bereit wären, einen Cockpit-Computer zuzulassen, der seine eigenen Entscheidungen trifft, denn das würde ihn über die Fähigkeiten des menschlichen Piloten stellen. Wir sind offenbar noch nicht so weit, solche Dinge ganz den Computern zu überlassen. Sie denken vielleicht, das sei das Ende eines vielversprechenden neuen Projekts gewesen. Aber dann schlug jemand vor, dass man – wenn Sicherheitserwägungen die Nutzung eines denkenden Computers für Autopiloten verhinderten – das neue System doch in Militärdrohnen erproben könne.

Sobald ich das gelesen hatte, sah ich den Weg vor mir, der zum Ende der organischen Phase Gaias, wie wir sie kennen, führen könnte. Indem wir den Computersystemen des Anthropozäns die Chance geben, sich durch natürliche oder unterstützte Selektion weiterzuentwickeln, reißen wir die Barrieren nieder, die bislang verhindert haben, dass Gaia ihre nächste Stufe erreicht – das Novozän, in dem die Selbstregulierung nicht mehr darauf abzielt, allein unsere Form der Biosphäre zu erhalten.

Wann immer die Rede davon ist, dass Computer vielleicht eines Tages revoltieren und die Macht übernehmen, wie sie das in Karel Čapeks Stück *R.U.R.* (dt. *W.U.R.*) tun, dann ist die tröstliche Lösung für gewöhnlich die, dass wir einfach den Stecker ziehen und ihnen so den Strom abdrehen, den sie brauchen. Aber wie, so frage ich mich, schaltet man eine schwer bewaffnete Drohne aus, die 3000 Meter über unseren Köpfen fliegt? Vergessen Sie nicht, dass sie schneller denken können als wir, und sie könnten uns sogar als ihren Feind betrachten.

Die Vorstellung, dass man die Entwicklung von lernfähigen Computersystemen auf militärischer Ebene zulässt, scheint mir die potentiell tödlichste Idee zu sein, die bisher ins Spiel gebracht wurde, um menschliches oder anderes organisches Leben auf der Erde zu ersetzen. Wenn wir diesen Weg beschreiten, setzen wir die Evolution einer neuen Lebensform in Gang, die als Soldat, ausgestattet mit den neuesten und tödlichsten Waffen, in Erscheinung tritt.

Trotz unserer Schwerfälligkeit beherrschen wir ein paar Tricks, die den Ausschlag zu unseren Gunsten geben könnten, wenn das jemals passiert. Nehmen wir zum Beispiel elektromagnetische Impulse (EMPS). Das elektronische Leben des Novozäns könnte außergewöhnlich vulnerabel gegenüber dieser Art von Waffe sein, die der Oberste Führer Nordkoreas 2017 der Welt präsentierte. Die Explosion einer Atomwaffe im All, im Innern eines metallischen Hohlraums, kann einen Impuls elektromagnetischer Energie erzeugen, der für Novozän-Systeme potentiell ausgesprochen tödlich ist. Auf der anderen Seite wäre es für Cyborgs, die die Informationstechnologie von Nukleinsäuren beherrschen, wohl ein Leichtes, ein Virus zu synthetisieren, das noch todbringender wäre als H1N1, die Ursache der Influenzapandemie von 1918.

Bedeutet das, dass wir im Handumdrehen einen wirklich schmutzigen Krieg haben könnten? Ich denke nicht, und das liegt nicht nur an meiner friedvollen Quäker-Erziehung. Ich halte es für wahrscheinlicher, dass intelligente Organismen, seien sie biochemischer oder elektronischer Art, zu dem Schluss kommen würden, dass die solare Überhitzung eine viel größere Bedrohung darstellt, sie also keine andere Wahl hätten, als zu kooperieren und ihre wissenschaftlichen und technischen Fähigkeiten einzusetzen, um die Erde kühl zu halten.

Die sanfte Übernahme unserer Welt, Gaias, durch Lebensformen, die durch künstliche Intelligenz hervorgebracht wurden, gestaltet sich bisher nicht annähernd so wie die Gefechte mit Robotern, Cyborgs und humanoiden Doppelgängern, die uns die Science-Fiction vor Augen führt. Trotzdem mag es scheinen, als sei ein Konflikt unvermeidlich und als würde bald eine weltweite Schlacht um den Planeten beginnen. Auch wenn ich auf dem Standpunkt stehe, dass das aufgrund unseres beiderseitigen Interesses, den Planeten so kühl zu halten, dass wir alle funktionieren, vermutlich nicht passiert, gibt es natürlich Gefahren, die man vermeiden muss.

Im Juli 2017 schrieben Elon Musk und 115 andere KI-Experten aus dem Silicon Valley einen offenen Brief an die UN, in dem sie ein Verbot autonomer Waffen forderten. In der Branche als letale autonome Waffensysteme (LAWS – lethal autonomous weapon systems) bekannt, handelt es sich um Geräte, die feindliche Ziele suchen, identifizieren und töten können. Normalerweise ist ein Mensch an der finalen Entscheidung zu schießen, beteiligt, aber das ist eher eine Vorsichtsmaßnahme als eine Notwendigkeit. Da wir wissen, dass militärische Erfordernisse vielfach die Entwicklung einiger unserer allgegenwärtigsten Technologien – insbesondere das Internet – vorangetrieben haben, besteht kein Zweifel daran, dass die Entwicklung von LAWS finanziell und politisch im großen Stil unterstützt werden wird. Ich finde es unfassbar, dass es jedem Unternehmen erlaubt wäre, Waffen zu konzipieren und zu bauen, die intelligent genug sind, darüber zu entscheiden, ob sie Menschen töten.

Stellen Sie sich eine Drohne vor, die Ihr fotografisches Bild an Bord und die Anweisung hat, bei Sichtkontakt zu töten. Ich vermute, dass solche Drohnen schon existieren, und es ist kein großer Schritt, sie mit der Fähigkeit zur Selbstverteidigung auszustatten. Es ist erschreckend, dass unsere politischen Führer, die fast durchweg von Wissenschaft und Technik keine Ahnung haben, die Entwicklung dieser Waffen fördern. Zu ihrer Unwissenheit kommt erschwerend hinzu, dass sie unfähig sind, sich dem Rat von Lobbyisten zu entziehen, deren einziges Ziel es scheint, aus allem Profit zu schlagen, das als Umweltgefährdung dargestellt werden kann.

Wir sollten über die militärische Entwicklung von KI besorgt sein. Mit Beginn des 18. Jahrhunderts traten wir durch die Erfindung einer praktischen und ökonomischen Dampfmaschine ins Anthropozän ein. Wir taten diesen Schritt, ohne im Geringsten zu begreifen, was für eine gewaltige Kraft wir entfesselt hatten. Wir hatten keine Ahnung, dass diese innerhalb von zwei Jahrhunderten die Welt für immer verändern würde.

Wir stehen nun an der Wende zur nächsten geologischen Epoche, und es ist gerechtfertigt, Angst zu haben. Unsere Anonymität als Individuen wurde aufgebrochen, und Cyborgs könnten Waffen konzipieren, die unsere eigenen persönlichen Schwächen ausnutzen. Davor fürchten wir uns viel mehr als vor einfachen tödlichen Waffen.

Beim Entwerfen autonomer Waffen vertrauen die Ingenieure zweifellos darauf, dass es einen Menschen in der Entscheidungskette geben wird. Oder sie werden sagen, sie haben Regeln eingebaut – etwa wie Asimovs drei Robotergesetze –, die garantieren, dass nur das vorgegebene Ziel angegriffen wird. Aber mit Fortschreiten des Novozäns wird die Naivität dieser Vorstellung, dass Cyborgs zwangsläufig solchen Gesetzen gehorchen, immer offenkundiger werden.

Ein Freund erzählte mir von einer Diskussion, die er vor einigen Jahren mit einem Computerwissenschaftler führte. Dieser arbeitete an Methoden, die sicherstellen sollten, dass KI-Systeme Menschen keinen Schaden zufügen. Der Wissenschaftler argumentierte, dass man Regeln anwenden könne, die klar auf der Hand lägen, und fragte: «Sie würden doch kein Baby töten, oder?» Mein Freund antwortete, dass er das nicht tun würde, aber durch alle Zeiten hindurch haben Menschen im Krieg Babys getötet. Wie können wir sicher sein, dass ein KI-System eher entscheiden würde, wie mein Freund zu handeln, und weniger wie ein SS-Offizier, der ein jüdisches Baby vor sich hat?

Wir dürfen nicht vergessen, dass es nun, da wir KI-Systeme wie AlphaZero haben, die sich selbst aus dem Nichts Dinge beibringen können, nicht mehr lange dauern wird, bis ähnliche Systeme selbst lernen, viel radikalere Dinge zu tun, als Go zu spielen, einschließlich Kriegführen. Dann könnte man sich auf ein Gesetz, welches das Töten von Babys verbietet, nicht mehr verlassen. Worauf man sich verlassen kann, ist die Einsicht der Cyborgs, dass sie ein notwendiges Ziel mit der Menschheit teilen – den Erhalt eines Lebensraumes.

Wir müssen also nicht annehmen, dass das neue künstliche Leben, das im Novozän entsteht, automatisch so grausam, todbringend und aggressiv sein wird, wie wir es sind. Es kann sein, dass das Novozän eines der friedvollsten Zeitalter der Erdgeschichte wird. Aber wir Menschen werden die Erde zum ersten Mal mit anderen Wesen teilen, die intelligenter sind als wir.

22

Unser Platz in ihrer Welt

—

Wie ich schon sagte, werden wir die Eltern der Cyborgs sein, und der Geburtsvorgang hat bereits begonnen. Es ist wichtig, dass wir uns das vor Augen halten. Cyborgs sind ein Produkt des gleichen Evolutionsprozesses, der uns hervorgebracht hat.

Das elektronische Leben ist abhängig von seinen organischen Vorfahren. Ich sehe keinen Weg, wie sich nichtorganische Lebensformen, etwa auf einer anderen Erde oder einem anderen Planeten, aus der Mischung von Chemikalien und unter den physikalischen Bedingungen, die im Universum üblicherweise herrschen, *de novo* entwickeln könnten. Damit Cyborg-Leben entstehen kann, braucht es die Hilfe einer Hebamme. Und Gaia erfüllt diese Funktion.

Deshalb scheint es plausibel, dass das organische Leben dem elektronischen immer vorangehen muss. Und in der Tat – wäre es für die Bestandteile elektronischen Lebens einfach gewesen, sich auf einem Planeten zusammenzufügen, dann wäre das Universum aufgrund der Geschwindigkeit, mit der sich eine solche Lebensform entwickelt, inzwischen von ihr bevölkert. Die Tatsache, dass das beobachtbare Universum bisher unfruchtbar zu sein scheint, deutet stark darauf hin, dass elektronisches Leben sich nicht automatisch aus Sternentrümmern bilden kann.

Wir mögen ihre Eltern sein, aber wir sind ihnen nicht ebenbürtig. Das wirft ein riesiges Problem auf, das auch durch technische oder wissenschaftliche Kompetenz nicht zu lösen ist. Wie soll unsere Diplomatie angesichts der Möglichkeiten, die ich im vorherigen Abschnitt umrissen habe, in den letzten Jahren des Anthropozäns aussehen, damit Menschen aus Fleisch und Blut, gemeinsam mit dem wasserbasierten chemischen Leben Gaias, während der ersten Phase des Übergangs vom organischen zum anorganischen Leben einen friedlichen Ruhestand genießen können?

Verhandlungen zwischen uns und den Cyborgs sind fast nicht vorstellbar. Wir würden ihnen wahrscheinlich vorkommen wie Pflanzen – wie Wesen, die in einem außergewöhnlich langsamen Wahrnehmungs- und Handlungsprozess gefangen sind. Wenn das Novozän voll eingesetzt hat, werden Cyborg-Wissenschaftler vielleicht tatsächlich Sammlungen lebender Menschen ausstellen. Schließlich besuchen Menschen, die in der Nähe von London wohnen, auch die Kew Gardens, um sich dort Pflanzen anzusehen.

Ich habe das Gefühl, dass die Cyborg-Welt für einen von uns so schwer zu verstehen ist wie die Komplexität unserer Welt für einen Hund. Wenn sich die Cyborgs erst einmal etabliert haben, werden wir genauso wenig die Herren unserer Geschöpfe sein, wie unser vielgeliebter Hund Herr über uns ist. Vielleicht ist es die beste Option, so zu denken, wenn wir in einer neu gebildeten Cyber-Welt weiter bestehen wollen.

Ein Kind wird nicht mit der unmittelbaren Fähigkeit geboren, seine Umwelt zu verstehen. Es dauert viele Monate, bis es die Welt wahrnimmt, und Jahre, bis es sie verändern kann. Es mag eine Erinnerungstäuschung sein, aber ich habe einen Traum lebhaft im Gedächtnis behalten, in dem ich im Garten in der Sonne liege, ein starkes Wohlgefühl empfinde und irgendwie begreife, dass das das Leben ist. Wenn es eine authentische Erfahrung war, dann muss sie in meinem zweiten Lebensjahr stattgefunden haben. Für einen neu entstandenen Cyborg würde dieses Sich-bewusst-Werden etwa eine Stunde dauern.

Eine solche Beschleunigung gilt auch für die Reaktionsgeschwindigkeit. Frühes organisches Leben, das in Form von Einzellern existierte, konnte auf Umweltveränderungen wie Lichtintensität, Säuregehalt oder Nahrungsvorkommen in etwa einer Sekunde reagieren. Cyborgs hingegen könnten eine eintretende Veränderung der Lichtstärke vermutlich in einer Femtosekunde (10^{-15} Sekunden) ausmachen, eine Million Millionen mal schneller als organisches Leben.

Doch trotz der Beschränkungen seiner chemischen und physischen Natur kann das organische Leben so empfindlich auf Veränderungen reagieren, dass es die äußersten Grenzen des Möglichen streift. In Bestform kann der menschliche Hörsinn einen Ton mit einer Amplitude von einem Zehntel des Durchmessers eines Protons wahrnehmen. Das menschliche Sehvermögen ist so sensibel, dass wir, wenn es nur noch ein klein wenig empfindlicher wäre, eine Reihe von Blitzen am Nachthimmel als einzelne Lichtquanten sehen würden, die unsere Retina anleuchten. So eindrucksvoll diese Adaptionen sind, das organische Leben wird nie in der Lage sein, mit der Geschwindigkeit und Empfindlichkeit von Cyborgs mitzuhalten.

Mit dem Gedächtnis verhält es sich anders. Beide, das organische und das elektronische Gedächtnis, sind eindrucksvoll

groß – hier sind wir noch im Rennen, und ebenso, was die Halt-
barkeit der Erinnerungen angeht. Nach fast 100 Jahren Lebens-
zeit kann ich mich immer noch an die Details im Garten meiner
Großmutter erinnern und mir, wenn ich mich bemühe, diese
Details sogar fotografisch vor Augen führen. Nun stellen Sie
sich die Reaktion eines jungen Cyborg auf den Siegesschrei eines Menschen bei einer Sportveranstaltung vor. Reagiert er
emotional, so wie die Menschen es tun? Ich frage mich, ob es
bei ihnen so sein wird wie bei uns – dass das Zeitgefühl je nach
Ereignis variiert.

23

Der bewusste Kosmos

—

Die Ankunft der Cyborgs und des Novozäns wird weitere Antworten auf die beiden großen Fragen liefern, die ich im ersten Kapitel angesprochen habe – sind wir allein im Kosmos, und ist der gesamte Kosmos dazu bestimmt, Bewusstsein zu erlangen? Was das Thema Außerirdische angeht, so glaube ich, das Novozän wird meine Überzeugung stützen, dass sie nicht existieren.

1950 ging der Physiker Enrico Fermi im Los Alamos National Laboratory mit drei Kollegen mittagessen. Sie diskutierten die Welle von UFO-Sichtungen, die die Vereinigten Staaten erfasst hatte – der berühmte Roswell-Zwischenfall, bei dem es um einen «UFO-Absturz» ging, hatte sich drei Jahre zuvor ereignet, und um 1950 schienen Außerirdische «überall» zu sein. Keiner dieser Berichte war für Fermi auch nur im Entferntesten glaubhaft, und während des Mittagessens platzte er plötzlich heraus: «Wo sind sie?»

Diese beiläufige Bemerkung nimmt Alien-Jägern bis heute den Wind aus den Segeln. Fermis Argument war: Wenn wir hier sind, dann sollten sie auch hier sein, aber sie sind es nicht. Es gibt Milliarden von Sternen in unserer Galaxie und Trilliarden im beobachtbaren Kosmos. Wir wissen heute, dass es auch viele

Planeten gibt, die von Außerirdischen mit viel größeren technologischen Fähigkeiten als den menschlichen bewohnt sein könnten. Wenn diese, wie wir, Weltraumflüge unternähmen, dann wäre aufgrund des ungeheuer hohen Alters des Kosmos davon auszugehen, dass sie unsere Galaxie zumindest durchquert hätten. Kurz gesagt, Außerirdische sollten hier eigentlich herumschwirren – aber sie tun es nicht.

Wie mit der interstellaren Raumfahrt ist es auch mit der Hyperintelligenz. Wenn wir die Cyborgs hervorbringen, bedeutet das dann nicht, dass wir wirklich die erste und einzige Intelligenz im Universum sind? Hätte es Vorgänger wie uns gegeben, dann hätte die von ihnen erschaffene künstliche Intelligenz schon längst die Antwort auf das Fermi-Paradoxon gegeben. Wenn bereits zuvor jemand wie wir aufgetaucht und dann zur künstlichen Intelligenz übergegangen wäre, dann würde diese neue technische Intelligenz heute vermutlich das Universum beherrschen. Sicherlich wäre es für Astronomen leicht, ihre Präsenz nachzuweisen. Sie wäre überall.

Einmal mehr müssen wir uns vor Augen führen, wie lange es dauert, verstehende Wesen zu erschaffen. Wenn wir die Entwicklung der Intelligenz überdenken, dann ist es wichtig, im Blick zu behalten, wie langsam dieser Prozess vor sich geht. Der Kosmos selber ist 13,8 Milliarden Jahre alt. In seinen Anfängen mussten einige Milliarden Jahre auf die kosmische Evolution verwendet werden. Wie lange dauerte die Periode von ungeheuer großen, nur aus Wasserstoff bestehenden Sternen? Ein Stern, der 1000-mal massereicher ist als unsere Sonne, hat eine Lebensdauer von etwa einer Million Jahren. Ein solcher wäre zu groß und zu schnell vergänglich, um Leben in seiner Umgebung entstehen zu lassen. Dann tauchte schließlich irgendwie unsere Sonne auf, vermutlich in einem Kugelsternhaufen. Sie muss in der Nähe von ungestümen Nachbarn gelebt haben, die als Supernovae explodierten und diesen Haufen mit Lebenselementen übersäten. Dann, nach all dem, blieben immer noch 4 Milliarden Jahre, bis wir auf der Bildfläche erschienen.

Nicht nur wir sind also allein im Universum, sondern auch unsere Cyborg-Nachfahren werden allein sein. Auch sie werden sich als alleinige Versteher in einem ansonsten leblosen Kosmos wiederfinden. Sie werden für die Aufgabe des Verstehens natürlich viel besser gerüstet sein. Vielleicht werden sie, wenn das kosmisch anthropische Prinzip stimmt, der Beginn eines Prozesses sein, der auf ein intelligentes Universum zusteuert. Wenn die Cyborgs losgelassen werden, dann könnte sich die kleine Chance ergeben, dass sie sich als fähig erweisen, den Zweck des Universums zu erfüllen, was auch immer dieser sein mag. Vielleicht ist das endgültige Ziel intelligenten Lebens die Umwandlung des Kosmos in Information.

Müssen wir die Zukunft und die Überraschungen, die das Novozän bringen könnte, fürchten? Ich glaube nicht. Diese Epoche wird das Ende dessen markieren, was für uns fast vier Milliarden Jahre biologischen Lebens auf diesem Planeten bedeutet. Für uns Menschen mit Emotionen ist das sicher ein Grund, stolz und zugleich traurig zu sein. Wenn John Barrow und Frank Tipler (*The Anthropic Cosmological Principle*) richtigliegen, und das Universum existiert, um intelligentes Leben hervorzubringen und zu erhalten, dann spielen wir eine ähnliche Rolle wie die Photosynthetisierer, jene Organismen, die die Voraussetzungen für die nächste Evolutionsstufe geschaffen haben.

Die Zukunft ist für uns unvorhersehbar, so wie sie es schon

immer gewesen ist, selbst in einer organischen Welt. Cyborgs werden Cyborgs entwerfen. Sie werden keineswegs als minderwertige Lebensform weitermachen, die uns Bequemlichkeiten verschafft, sondern sie werden sich entwickeln und könnten die fortschrittlichen evolutionären Produkte einer neuen und kraftvollen Spezies sein. Und gäbe es nicht die alles beherrschende und überwältigende Präsenz Gaias, dann wären sie im Handumdrehen unsere Meister.

Zum Geleit

—

«Ist viel uns auch genommen,
bleibt doch viel.»
Alfred, Lord Tennyson, «Ulysses»

1926, als ich sieben Jahre alt war, sah ich eine Rekonstruktion
von Newcomens «atmosphärischer Dampfmaschine». Mein Vater Tom war mit mir ins Natural History Museum in Kensing-
ton gegangen; er dachte, dass die großen Echsen des Jura mich
beeindrucken würden. Das taten sie nicht, weil mein Kopf voller Begeisterung für viel jüngere Artefakte mechanischer Art
war, die Dampfmaschinen, die ich im Science Museum nebenan
sehen würde. Für mich waren diese Maschinen viel faszinieren-
der als die Überbleibsel einer lange verstorbenen Echse. Ich
frage mich noch immer, warum wir diese Maschinen, die für
einen gewaltigen Umbruch in der Energiewirtschaft stehen, ig-
norieren und auf die Reste jener alten Echsenskelette fixiert
sind.

Aber auch wenn mein Interesse für Maschinen größer war

als für Dinosaurier, so galt es doch gleichermaßen der lebendigen Natur. Und auch hier war mein Vater der Wegbereiter.

Meine Mutter, Nell, eine Feministin und Suffragette, war tief ergriffen von der Naturanschauung in Thomas Hardys Romanen – Natur als ein wilder, grausamer Ort, an dem die Schwachen leidvoll misshandelt werden. Das war ziemlich typisch für die Haltung der sich damals formierenden städtischen Elite. Mein Vater hingegen war ein Mann vom Lande, geboren 1872 in den Berkshire Downs bei Wantage. Er war eines von 13 Kindern und wurde von meiner verwitweten Großmutter in Armut aufgezogen.

Vater konnte Hardys düstere Sicht des Landlebens nie akzeptieren; stattdessen betrachtete er es als hart, aber erträglich. Tatsächlich blieb den Verarmten nichts anderes übrig, als im Arbeitshaus zu wohnen. Um sich über Wasser zu halten, war die Lovelock-Familie gezwungen, wie die Jäger und Sammler zu leben, von denen wir alle abstammen. Durch diese urzeitliche Lebensweise kannte sich mein Vater, wenn auch ungebildet, mit der Natur ebenso gut aus wie Gilbert White von Selbourne; er wusste genau Bescheid über die Lebensräume von Wildtieren und wie man sie jagte, weil er einer der Ihren war. Er gestaltete unsere Spaziergänge in der Natur so faszinierend, dass ich allein durch seine Ausführungen ein Gespür für die Erde, für Gaia, bekam, das mir Kraft gegeben hat. Ich war ein absolut privilegiertes Kind.

Und heute bin ich ein privilegierter alter Mann. Vom Fenster meines Arbeitszimmers in unserem winzigen Vierzimmer-Cottage sieht man auf Chesil Beach und den weiten Atlantischen Ozean. Wir erleben ihn in all seinen Stimmungen, von wütend, mit Schaumkronen besetzt, bis hin zu friedlich und einladend.

Etwa 90 Meter von unserem Haus entfernt steigt das Land, das dem National Trust gehört, vom Meer bis zum Kamm der etwa 240 Meter höher gelegenen Purbeck Hills an. Es ist ein wunderbarer Ort, um spazieren zu gehen, und es ist die Heimat zahlreicher Arten von Pflanzen, Insekten, Würmern, Ratten und Vögeln; nicht zu vergessen die noch größere Zahl mikrobieller Spezies. Und ich selbst trage, wenn ich über die Heide laufe, mit Freude noch zehn mal so viele mikrobielle Passagiere in mir herum. Hier mit meiner Frau Sandy zu sein, bedeutet wirklich Zufriedenheit.

Außerdem bin ich privilegiert, weil ich in England gelebt habe, das mit dem Gaianischen Geschenk eines gemäßigten Klimas und mit dem menschlichen Geschenk einer – die meiste Zeit über – gemäßigten Geschichte gesegnet ist. Wir vergessen allzu leicht, dass die Menschen auf diesen Inseln, anders als die Bewohner des europäischen Kontinents, abgesehen von einem Bürgerkrieg 1000 Jahre lang in innerem Frieden gelebt haben. Während dieser Zeit haben sie ein Common Law für anständiges Benehmen und eine Hierarchie entwickelt, die versucht, das Gute vom Bösen zu trennen. Man hüte sich vor Demagogen, die das ohne Zögern durch eine zu ihren Gunsten geschriebene Verfassung ersetzen würden.

Mein letztes Privileg ist meine Unabhängigkeit. Der erste Satz jenes Briefs, den ich von Abe Silverstein, dem Leiter der Raumfahrtentwicklung bei der NASA, 1961 bekam, war ein Wendepunkt in meinem Leben: Er bat mich, an einem Projekt mit dem Ziel einer weichen Mondlandung 1963 teilzunehmen. Natürlich ließ ich alles stehen und liegen und nahm den Job an. Später erhielt ich einen zweiten Brief von Silverstein, der mich einlud, an den Nutzlastplänen für die *Mariner*-Missionen zum

Mars 1964 mitzuarbeiten. Diese Aufträge ermutigten mich, eigene Wege zu gehen. Nach drei Jahren als ordentlicher Professor am Baylor College of Medicine in Houston, Texas, hatte ich genügend Geld auf der Bank, um ein kleines Labor in Bowerchalke bei Salisbury zu kaufen und auszustatten. Seitdem habe ich mich durch die Einkünfte aus Patentgebühren und durch Honorare von Firmen und Ministerien für das Lösen ihrer Probleme, selbst finanziert.

Ebenso bedeutsam war das, was ich für die NASA tun sollte – kleine, hochempfindliche Instrumente bauen, um die Oberfläche und Atmosphäre von Mond und Mars zu untersuchen. Was den Mars anbetraf, so waren diese Geräte dafür vorgesehen, Spuren von Leben zu entdecken. Ich wurde gefragt, weil ich eine ultrasensitive Anordnung von Detektoren erfunden hatte, die in der Lage waren, die meisten chemischen Substanzen nachzuweisen. Meine Detektoren, gekoppelt mit einem einfachen, ebenso leichtgewichtigen Gaschromatographen, waren genau das, was die NASA zu dieser Zeit brauchte.

Die Biologen stellten damals die Frage: «Wie weisen wir die Existenz von Leben auf anderen Planeten nach?» Ich verlieh meiner klaren Überzeugung Ausdruck, dass es sinnlos sei, erdähnliches Leben auf anderen Planeten zu suchen, vor allem zu einer Zeit, in der wir über die Erdumwelt nur sehr wenig und über andere Planeten fast gar nichts wussten. Das erzürnte die leitenden Biologen, die sich sicher zu sein schienen, dass es Leben nur auf Basis von DNA geben könne. Sie waren so in Aufruhr, dass ich ins Büro eines führenden NASA-Raumfahrtingenieurs zitiert wurde, wo man mich fragte: «Wie würden SIE Leben auf einem anderen Planeten suchen?» Ich antwortete, dass ich eine Entropiereduktion auf der Planetenoberfläche suchen würde. Das Leben, so hatte ich erkannt, organisiert seine Umwelt. Und so wurde Gaia geboren.

Wenn ich heute bei Nacht aufs Meer hinausblicke und den Roten Planeten am Himmel sehe, dann läuft mir wirklich ein freudiger Schauer über den Rücken, weil ich weiß, dass zwei Geräte, die ich entwickelt habe, dort oben in der Marswüste stehen. 1977 funktionierten sie und erfüllten ihre Aufgabe. Sie halfen dabei, zu zeigen, wie leblos unser Geschwisterplanet eben nun mal ist.

Über fünfzig Jahre lang hatte ich also meine Unabhängigkeit, und ich hatte Gaia, um mich zu leiten. Sie hat mich nie im Stich gelassen.

Vielleicht ist es nicht sehr bescheiden, aber ich fühle, dass mein Standort hier an Englands Südwestküste und meine unabhängige Laufbahn als Wissenschaftler, Ingenieur und Erfinder mich sowohl mit dem Begründer des Anthropozäns als auch mit dem Begründer des Novozäns verbinden. Wenn Thomas Newcomen, der «einzigartige Erfinder jener erstaunlichen Maschine, die Wasser durch Feuer hochzupumpen vermag», als der Begründer des Anthropozäns betrachtet werden kann, dann würde ich mich für Guglielmo Marconi als Begründer des Novozäns aussprechen. Beide brachten ihre bedeutendste Leistung in Südwestengland hervor, und beide waren unabhängig im Geiste und praktisch in ihrer Herangehensweise.

Marconi war, wie Newcomen, Ingenieur. Er machte die Übertragung elektronischer Information praktikabel. Selbstverständlich schulden wir Alexander Graham Bell Dank, weil er das Telefon zum Funktionieren gebracht hatte. Aber es war Marconi, der die drahtlose Telegraphie nicht nur möglich, sondern auch wirtschaftlich machte, und das war es, was für ihre rasche Ausbreitung sorgte. Alles in Radio oder Fernsehen geht auf Marconis grundlegende Experimente zurück.

Kurioserweise startete Marconi seinen ersten Versuch mit der drahtlosen Telegraphie über größere Distanzen in der Nähe des Ortes, an dem Newcomen seine Dampfmaschine gebaut hatte. 1901 versuchte er, ein Signal von Poldhu in Cornwall nach St. John's in Neufundland 3500 Kilometer über den Atlantischen Ozean zu senden. Angesehene Physikprofessoren waren so töricht gewesen zu behaupten, dass es unmöglich sei, ein Radiosignal über den Atlantik zu schicken, weil elektromagnetische Strahlung, wozu auch Radiowellen gehören, sich geradlinig ausbreitet, der Ozean aber der Erdkrümmung folgt. Er war ganz einfach im Weg. Es war Oliver Heaviside, ein anderer Ingenieur, der erkannte, dass es vielleicht eine reflektierende Elektronenschicht in der oberen Atmosphäre geben könnte, die wie ein Spiegel funktionierte und Marconis Signal zurück zur Meeresoberfläche und weiter über den Atlantik beförderte.

Der Erfinder der ersten anwendbaren Informationstechnologie war also Marconi. Sein unermüdliches Streben und seine Beharrlichkeit haben mich inspiriert. Er schickte Signale über Tausende Kilometer Ozean zu einer Zeit, in der die rationale Wissenschaft klar zu verstehen gab, dass ein solches Kunststück aufgrund der Erdkrümmung unmöglich sein musste. Er war, wie Newcomen, der erste Mann des neuen Zeitalters.

Die Intelligenz, die das Zeitalter, das dem Anthropozän folgt, in Gang setzt, wird nicht menschlich sein; sie wird komplett anders sein als alles, was wir uns heute vorstellen können. Ihre Logik wird im Gegensatz zu unserer multidimensional sein. Wie das auch im Tier- und Pflanzenreich der Fall ist, wird sie vielleicht in vielen verschiedenen Formen existieren, die in

Größe, Geschwindigkeit und Aktionsfähigkeit variieren. Sie wird vielleicht der nächste oder sogar der letzte Schritt in der Entwicklung der kosmischen Evolution sein.

Wir sollten uns durch diese unsere Sprösslinge nicht zurückgesetzt fühlen. Bedenken Sie, wie weit wir gekommen sind. Vor vier Milliarden Jahren war die Oberfläche der Erde ein Ozean voller organischer Verbindungen. Er war warm und behaglich und bedurfte zu dieser Zeit keiner Regulation durch Gaia. Irgendwie begann das Leben. Die ersten Lebensformen waren Einzeller, gefüllt mit Chemikalien. Schrittweise nahmen sie Form an und wurden zu dem, was wir als Bakterien kennen. Diese Bakterien waren lebendig und zögerten nicht, zu jagen, zu töten und einander aufzufressen.

Das lief langsam und beständig über mehrere Milliarden Jahre so weiter, bis, etwa vor einer Milliarde Jahren, ein Bakterium, das gefressen worden war, in seinem Räuber überlebte und die beiden lebenden Organismen irgendwie neues Leben, eine eukaryotische Zelle, bildeten. Aus dieser entwickelten sich das Pflanzen- und das Tierreich. Die Bakterien und andere Einzeller blieben erhalten und trugen das Ihre dazu bei, den Planeten lebendig zu machen. Diese herausragende biologische Entdeckung verdanken wir Lynn Margulis, die, wie ich mich freue, sagen zu können, viele Jahre lang eine enge Freundin und Kollegin gewesen ist.

Schließlich erlangte dieser Planet mit dem Auftauchen der Menschen vor gerade einmal 300 000 Jahren als Einziger im Kosmos die Fähigkeit, sich selbst zu erkennen. Natürlich nicht unmittelbar; erst als vor einigen Jahrhunderten die Titanen der wissenschaftlichen Renaissance auf den Plan traten, begannen die Menschen die physikalischen Gegebenheiten des Kosmos ganz zu begreifen. Wir bereiten uns nun darauf vor, das Geschenk des Wissens an die neuen Formen intelligenten Lebens zu übergeben.

Seien Sie deshalb nicht betrübt. Wir haben unsere Rolle erfüllt. Finden Sie Trost in den Zeilen des Dichters Tennyson, der Odysseus, den großen Krieger und Entdecker, im Alter sagen lässt:

> Ist viel uns auch genommen, bleibt doch viel.
> Sind wir auch länger nicht die Kraft,
> die Erd' und Himmel einst bewegte,
> so sind wir dennoch, was wir sind ...

So sind wir dennoch, was wir sind. Das ist die Weisheit hohen Alters, das Annehmen unserer Vergänglichkeit, während wir Trost finden in der Erinnerung an das, was wir erreicht haben und was wir, wenn wir Glück haben, noch schaffen können. Vielleicht bleibt uns auch die Hoffnung, dass unser Beitrag nicht ganz in Vergessenheit geraten wird, da sich Weisheit und Erkenntnis von der Erde ausgehend verbreiten und den Kosmos umspannen werden.

Dank

—

Wie ein neu entwickeltes und erstmals gebautes Flugzeug kann ein Buch entweder mühelos fliegen, oder es scheitert daran, vom Boden abzuheben, und bleibt ungelesen.

Diesem Buch kamen das Wissen und Können Bryan Appleyards und Stuart Proffitts zugute. Mit dieser Hilfe war es selbstverständlich flugtüchtig, und als ich es anmutig in die Stratosphäre aufsteigen sah, dorthin, wo gute Bücher fliegen, fühlte ich beiden gegenüber tiefe Dankbarkeit. An der Konzeption dieses Buches hatte meine liebe Frau Sandy großen Anteil, und seine weitere Entwicklung wurde begleitet und gefördert durch Wissenschaftskollegen, vor allem durch den Königlichen Astronomen Martin Rees und durch meine guten Freunde Bruno Latour und Tim Lenton.

Titel der englischen Originalausgabe: «Novacene.
The Coming Age of Hyperintelligence»
© James Lovelock and Bryan Appleyard, 2019
Die Originalausgabe ist 2018 bei Allen Lane, an
imprint of Penguin Books, London, erschienen.

Für die deutsche Ausgabe:
© Verlag C.H.Beck oHG, München 2020
www.chbeck.de
Satz im Verlag
Druck und Bindung: CPI Books, Ulm
Umschlaggestaltung: Geviert, Grafik & Typografie,
Christian Otto
Umschlagabbildung: © Getty Images
Gedruckt auf säurefreiem, alterungsbeständigem
Papier (hergestellt aus chlorfrei gebleichtem
Zellstoff) • Printed in Germany
ISBN 978 3 406 74568 3